U0237953

"十三五"国家重点研发计划项目

大范围干旱监测预报与灾害风险防范技术研究丛书

干旱灾害风险
动态评估技术

GANHAN ZAIHAI FENGXIAN

DONGTAI PINGGU JISHU

吕娟 屈艳萍 高辉 孙可可 姚立强 等 著

中国水利水电出版社

www.waterpub.com.cn

·北京·

内 容 提 要

加强干旱灾害风险基础理论研究、完善旱灾风险评估方法、强化旱灾风险管理，有助于减少干旱灾害损失，保障供水安全、粮食安全和生命财产安全。本书以农业干旱、城市因旱缺水和生态因旱缺水为研究对象，揭示了农业、城市、生态等不同承灾对象旱灾风险孕育机理；构建了面向不同承灾对象的旱灾风险动态评估技术。本书成果可为干旱灾害风险管理提供科技支撑。

本书可为从事农业、城市、生态干旱相关研究的科研人员以及管理人员提供有益的帮助，也可供相关专业的高校师生参考。

图书在版编目（CIP）数据

干旱灾害风险动态评估技术 / 吕娟等著. -- 北京 ：中国水利水电出版社，2024. 10. --（大范围干旱监测预报与灾害风险防范技术研究丛书）. -- ISBN 978-7-5226-2827-1

Ⅰ. P426.616

中国国家版本馆CIP数据核字第2024DH7803号

审图号：GS京（2024）2025号

书　　名	大范围干旱监测预报与灾害风险防范技术研究丛书 **干旱灾害风险动态评估技术** GANHAN ZAIHAI FENGXIAN DONGTAI PINGGU JISHU
作　　者	吕　娟　屈艳萍　高　辉　孙可可　姚立强　等 著
出版发行	中国水利水电出版社 （北京市海淀区玉渊潭南路 1 号 D 座　100038） 网址：www. waterpub. com. cn E - mail：sales@mwr. gov. cn 电话：（010）68545888（营销中心）
经　　售	北京科水图书销售有限公司 电话：（010）68545874、63202643 全国各地新华书店和相关出版物销售网点
排　　版	中国水利水电出版社微机排版中心
印　　刷	北京印匠彩色印刷有限公司
规　　格	184mm×260mm　16 开本　12.75 印张　310 千字
版　　次	2024 年 10 月第 1 版　2024 年 10 月第 1 次印刷
定　　价	**90.00 元**

《干旱灾害风险动态评估技术》
编写人员名单

主　　编：吕　娟　屈艳萍　高　辉　孙可可　姚立强

参编人员：杨　涵　张立祯　王亚许　苏志诚　张学君

　　　　　杨晓静　相里江峰　黄喜峰　鄢　波　姜田亮

　　　　　王兴旺　吴光东　陈茜茜　景兰舒　夏　欢

　　　　　付平凡

丛书序

我国是旱灾频发重发的国家，中华人民共和国成立以来大规模的水利工程建设，使我国具备了抵御中等干旱的能力，但大范围干旱依然是影响我国经济社会高质量发展的心腹大患。历史上我国曾多次发生跨流域跨区域特大干旱事件，如崇祯大旱前后持续17年，重旱区涉及黄河、海河以及长江流域20多个省市。近年来，极端天气事件呈现趋多趋强趋广态势，干旱极端性、反常性越来越明显，干旱灾害风险的复杂性、多变性也愈来愈显著。2022年，全球多地尤其是北半球中纬度地区创下了高温干旱历史记录，欧洲发生近500年来最严重的干旱，近一半区域处于干旱之中；我国长江流域发生1961年以来最严重的气象水文干旱，影响波及农业生产、城乡供水以及生态、航运、发电等诸多方面。在全球气候变化加剧、工业化与城镇化进程快速推进的大背景下，未来发生大范围长历时高强度的特大干旱事件的可能性还将增加，而特大干旱事件具有孕育过程更复杂、破坏性更强、防控难度更高的特点，粮食安全、供水安全与生态环境安全保障将面临更大的压力和挑战。

《大范围干旱监测预报与灾害风险防范技术研究丛书》以大范围长历时气象干旱、水文干旱、农业干旱以及因旱城市缺水和生态缺水为研究对象，沿着"成灾机理→监测评估→预测预报→风险评估→风险调控"的研究主线，揭示了变化环境下大范围气象、水文、农业干旱成灾机理及农业、城市、生态等不同承灾对象旱灾风险孕育机理和防范机制，研究构建了包括高精度多源资料综合干旱监测和评估技术、基于多气候模式多陆面模型耦合的旱情多尺度预报预测技术、面向不同承灾对象的旱灾风险动态评估技术、大范围长历时干旱应急供水协同调配技术和风险防范技术等在内的抗旱减灾技术体系，并研发了干旱监测预报与灾害风险防范平台。

本丛书以问题为导向、目标为引领，研究深入、内容翔实，对于推动我国抗旱减灾研究具有重要的理论和实践意义。相信本丛书的出版，将会为广大抗旱减灾相关专业的科研人员以及管理人员提供有益的帮助，共同为抗旱减灾事业作出新的贡献。

欣然作序，向广大读者推荐。

中国工程院院士 王浩

2023 年 8 月

特殊的自然地理和气候条件决定了我国干旱长期存在。历史上，我国曾多次发生大范围干旱事件，如崇祯大旱和光绪大旱，导致农业绝收、人口锐减，甚至朝代更迭。近四十年，随着经济社会快速发展及全球气候变化加剧，承灾体耐受性降低，一旦发生大范围干旱，如2000年全国大旱，不仅影响粮食安全，还会引发城乡供水危机和生态危机。2003年，国家防汛抗旱总指挥部提出"由单一农业抗旱向农业、城市、生态全面抗旱转变，由被动抗旱向主动抗旱转变"的战略思路，二十年来减灾效果明显。但大范围干旱成灾机理及监测、预报、风险防范技术等方面还相对薄弱，亟须科技攻关。为此，科学技术部于2017年正式立项国家重点研发计划项目"大范围干旱监测预报与灾害风险防范技术和示范"（项目编号：2017YFC1502400）。项目下设6个课题，围绕抗旱减灾亟须解决的技术短板及实践需求，力图揭示大范围长历时干旱灾害成灾机理及演变规律，构建包括干旱监测评估、旱情预测预报、旱灾风险动态评估及调控等的抗旱减灾技术体系，研发干旱监测预报与灾害风险防范平台，并在典型区域进行示范应用，从而显著提升我国防旱抗旱减灾能力和水平。

通过四年多的联合攻关，项目取得了以下6个方面的主要进展：

（1）大范围长历时干旱灾害成灾机理及演变规律。揭示了高强度人类活动和气候变化背景下大范围长历时气象干旱、水文干旱、农业干旱成灾机理，研发了基于自然证据及历史文献与考古资料的干旱序列重构技术，重构了全新世以来干旱序列，研判了未来气象干旱、水文干旱、农业干旱演变格局。

（2）高精度综合干旱监测和评估技术。首次构建了高密度资料标准化气候场，发展了高密度多源资料综合干旱指数（comprehensive drought index，CDI），改进了大范围干旱事件客观识别技术，构建了考虑下垫面条件的区域旱情综合评估技术。

（3）旱情多尺度预报预测技术。研发了集降水概率预测、干旱过程精细化模拟、大尺度模型网格化参数自适应技术于一体的大气-水文耦合月尺度干旱滚动预报技术，提升了月尺度干旱预报精度；构建了基于环流系统异常和机器学习的季节尺度干旱多维预测技术，提升了干旱季节尺度预测精度。

（4）旱灾风险动态评估技术。针对旱灾风险静态评估技术难以用于动态预估灾情发展、为动态决策提供量化依据的问题，提出了基于干旱过程响应机理的旱灾风险动态评估技术，包括基于作物生长模型及情景分析的农业旱灾风险动态评估技术、基于用水效益模型及情景分析的城市因旱缺水风险动态评估技术和基于价值评估模型及滚动预报的生态因旱缺水风险动态评估技术。

（5）大范围旱灾风险综合防范技术。提出了干旱期抗旱需水分析技术方法，提出了不同旱情等级下水库、河网、地下水等多种水源应急水源识别技术和应急供水量动态评估方法，构建了干旱应急供水协同调配双层优化模型和面向多主体、多目标、多过程旱灾风险防范决策模型。

（6）干旱监测预报与灾害风险防范应用平台开发和集成示范。利用基于Hadoop生态的大数据处理技术、基于 Spring Cloud 的微服务架构等关键技术，构建了基于云服务的干旱监测预报与灾害风险防范平台，实现了覆盖干旱管理全过程的一体化功能，为水利部建立干旱灾害防御预报、预警、预演、预案的"四预"机制提供了重要的先行先试经验。

项目在 2022 年 7 月顺利通过科学技术部组织的综合绩效评价，为将项目研究成果进行全面、系统和集中展示，项目组决定将取得的主要成果集结成《大范围干旱监测预报与灾害风险防范技术研究丛书》，并陆续出版，以更好地实现研究成果和科学知识的社会共享，同时也期望能够得到来自各方的指正和交流。

项目从设立到实施，再到本丛书的出版得到了科学技术部、水利部等有关部门以及众多不同领域专家的悉心关怀和大力支持，项目所取得的每一点进展、每一项成果与之都是密不可分的，借此机会向给予我们诸多帮助的部门和专家表达最诚挚的感谢。

《大范围干旱监测预报与灾害风险防范技术研究丛书》编撰委员会

2023 年 8 月

前　言

　　长期以来，干旱灾害对我国社会经济发展具有重大影响和危害。旱灾风险评估是旱灾风险管理的核心内容和关键环节。本书开展的干旱灾害风险基础理论研究、旱灾风险评估方法研究，可为减少干旱灾害损失，保障供水安全、粮食安全和生命财产安全提供支撑。

　　本书共分为7章。第1章介绍了本书的研究背景、研究意义及干旱灾害风险评估领域的研究进展；第2章研究提出了干旱灾害风险的相关概念和形成机制；第3章研究了农业、城市、生态等不同承灾对象的旱灾风险孕育机理；第4章研究提出了农业旱灾风险动态评估技术，并在东北地区、长江中下游地区得到了应用；第5章提出了城市因旱缺水风险动态评估技术，并在长株潭城市群、楚雄彝族自治州、大连市得到了应用；第6章提出了生态因旱缺水风险动态评估技术，并在长江上游地区林草生态系统、长江中下游典型湖泊湿地得到了应用；第7章总结了本书的主要研究成果。

　　本书撰写分工如下：第1章由吕娟、苏志诚、陈茜茜执笔；第2章由屈艳萍、高辉、张学君、杨晓静执笔；第3章由高辉、张立祯、孙可可、杨涵执笔；第4章由屈艳萍、王亚许、相里江峰、黄喜峰、王兴旺、付平凡执笔；第5章由孙可可、鄢波、吴光东、景兰舒执笔；第6章由姚立强、杨涵、夏欢、姜田亮执笔；第7章由吕娟、屈艳萍执笔。全书由吕娟、屈艳萍统稿。

　　本书得到了水利、农业、气象等行业专家的指导，主要研究成果是在国家重点研发计划"大范围干旱监测预报与灾害风险防范技术和示范"课题"农业、城市、生态等不同承灾对象旱灾风险动态评估技术"（课题编号：2017YFC1502404）和中国水科院科研专项（编号：WH0145B042021）经费资助下完成的，同时，本书编写过程中参考了大量国内外专家和前人的研究成果和经验，在此表示衷心感谢！

　　限于作者水平，本书中难免存在不足与疏漏之处，恳请读者批评指正！

作　者

2024 年 5 月

目 录

第 1 章

绪 论

1.1 研究背景及意义

旱灾是制约经济社会可持续发展的主要自然灾害之一，其在持续时间、影响范围及灾害影响程度等方面位列自然灾害之首，同时也是自然灾害中最复杂、人类了解最少的灾种。自人类文明起源以来，干旱便相伴而生，且历史性大干旱事件在全球各大洲均有发生。相对于洪水、飓风等灾害，旱灾的孕育与发展过程较长，通常为数个月甚至数个季节，容易被人忽视，一旦成灾，具有波及范围大、持续时间长、影响人口多的特点。2006年，非洲之角的数个国家发生了极端干旱事件，其中，埃塞俄比亚、索马里、肯尼亚、厄立特里亚和吉布提的灾情尤为严重，旱情高峰期有近 1800 万人面临粮食短缺问题。持续的旱灾可能会严重制约发展中国家的发展，造成粮食危机，引发失业、移民和暴力冲突等社会问题；而在发达国家，旱灾的影响则更多地体现在经济损失上，以美国为例，1996—2004 年因旱年均直接经济损失高达 60 亿～80 亿美元，2002 年甚至超过 200 亿美元。

我国也是世界上自然灾害较严重的国家之一，干旱灾害对我国社会经济发展具有重大影响和危害。我国干旱灾害频发与自然地理和气候背景条件密切相关。由于我国大部分地区受东南和西南季风的影响，形成了东南多雨、西北干旱的基本格局。同时又由于不同年份冬季风和夏季风进退的时间、强度和影响范围以及登陆台风次数的不同，致使降水量年际变化大，水土资源时空不匹配，加之三级阶梯状的地貌格局，从根本上决定了我国干旱频发和广发的基本背景。根据公元前 180 年至 1949 年的自然灾害损失数据，干旱灾害死亡人数占全部因灾死亡人数的 40% 左右，位居首位。据《中国水旱灾害防御公报 2021》[1]统计，1950—2021 年，全国农作物多年平均因旱受灾面积约 2.96 亿亩❶，其中多年平均成灾面积 1.33 亿亩，多年平均因旱损失粮食 161.42 亿 kg。特别是 2000 年，我国发生了1949 年以来最严重的旱灾，旱灾波及全国 20 余省（自治区、直辖市），全国作物因旱受灾面积高达 6 亿亩，占当年播种面积的 25.9%，接近多年平均受灾面积的 2 倍；成灾面积 4 亿亩，占因旱受灾面积的比例高达 66.1%，接近多年平均成灾面积的 3 倍；因旱粮食损失接近 600 亿 kg，约为多年平均因旱粮食损失的 4 倍，占到当年粮食总产量的 13%。此外，干旱灾害的影响逐渐从农业慢慢扩大至城市和生态等其他方面。近年来，城市因旱缺水问题凸显，给城镇生产生活造成了较严重的损失。据统计，我国 660 多个城市中有

---

❶ 1 亩约等于 666.67m^2。

1

100多个严重缺水城市，其中南方城市约占35%，尤其是以小型水库坝塘等水源较为单一的部分县城及乡镇地区，由于供水保证率相对较低，当发生极端来水不足等情况时，工业、生活、农业及生态用水短缺的矛盾较为突出。《国家防汛抗旱应急预案》中明确了城市因旱缺水（城市干旱）是指因遇枯水年造成城市供水水源不足，或者由于突发性事件使城市供水水源遭到破坏，导致城市实际供水能力低于正常需求，致使城市的生产、生活和生态环境受到影响。我国部分地区由于长时间持续干旱，水资源十分短缺，工业用水挤占农业用水，农业用水挤占生态环境用水，生态环境用水濒临枯竭，导致植被覆盖率减少、自然绿洲萎缩、草场退化、土地沙漠化严重。全国已有66.7万hm^2耕地、235万hm^2草地成为流动沙地，有2.4万个村庄受到严重沙化危害，一些农牧民沦为"生态难民"。有些沿海缺水区，为了保证当地的生产、生活需要，对地下水开采过度，导致地下水位降低，出现海水倒灌、地下水盐碱化严重等问题；另外，干旱灾害还会致使牧区的草地产草量、牧草质量及载畜量下降，进而导致沙尘天气增多。

中华人民共和国成立后，党中央、国务院高度重视抗旱减灾工作，从国家到各级政府均采取了一系列卓有成效的工程、非工程措施对干旱灾害进行治理，极大地提升了我国干旱灾害的管理水平。2003年，国家防汛抗旱总指挥部提出了"两个转变"的新时期防汛抗旱减灾工作思路，即实现"由控制洪水向洪水管理转变，由以农业抗旱为主向城乡生活、生产和生态全面主动抗旱转变"。这一新的防旱抗旱战略思路的提出，标志着我国干旱管理模式由被动抗旱向主动防旱、科学防旱转变，从应急抗旱向常态化抗旱和长期抗旱转变。然而，由于干旱产生、发展、致灾的机理极其复杂，人们对干旱的认识远不及其他自然灾害，针对干旱的监测、评估、管理等研究都处于发展阶段，在现有的技术条件和社会经济能力下，还难以从根本上预防和避免干旱造成的损失。与其他自然灾害相比，干旱灾害具有复杂的发生、发展和演变规律，以及持续时间长、覆盖面积广的特点，而且干旱灾害损失都是非结构性损失，难以定量的评估。因此，加强干旱灾害风险基础理论研究、完善干旱灾害风险评估方法、强化旱灾风险管理，有助于减少干旱灾害损失，保障供水安全、粮食安全和生命财产安全。

干旱灾害具有复杂的产生、发展和演变规律，随着外界条件变化和时间推移，旱灾风险的静态化评估已难以适应精准应急抗旱的形势要求，亟待从风险动态评估的角度，研判干旱事件的发展过程、演变趋势概率及其潜在损失和影响，从而为制定具有靶向性和实效性的应急抗旱措施提供科学指导。由于同等干旱条件下农业、城市、生态等不同承灾体的韧性存在差异，致灾机理也不尽相同，有必要对旱灾风险进行分类评价。

旱灾风险评估是旱灾风险管理的核心内容和关键环节。由于干旱具有影响因素众多、形成机理复杂、影响范围较广等特点，人们对于干旱的认识尚没有达成广泛的共识，同样，研究者对于旱灾风险也没有给出统一的定义。目前，对于旱灾风险的评估，存在如下两个方面的局限性：其一，在评价方法层面多属于风险的静态评估，即基于历史气象数据与灾损资料，利用数理统计的方法评估历史气候背景下的区域旱灾风险，进而绘制旱灾风险区划图，可为旱灾预防等提供指导。然而，由于干旱灾害的致灾因子、承灾体和孕灾环境均在动态变化，且具有多时空尺度特征和随机性；同时历史规律与未来发展情势也不尽相同，历史规律反映的是重现特性，不能完全指导应急抗旱工作。因此，为满足社会经济高质量发展与水安全保障需求，亟待从风险动态评估的角度，研判干旱事件的发展过程及其可能的灾损特征，从而为制定具有靶向性和实效性的应急抗旱措施提供科学指导。其二，在评价对象方面，多是针对农业这一承灾体，评估干旱可能对农业生产带来的风险。然而，干旱事件的本质是水循环过程的极值情况之一，干旱灾害影响的对象，应该是包括农业、城市和生态等在内的复合体。由于同等干旱条件下不同承灾体的韧性存在差异，不同承灾体的干旱致灾机理不尽相同，因此，为提高应急抗旱响应精准性、减少救灾盲动性，应当分类确定干旱致灾临界阈值与不同对象的承灾能力，对旱灾风险进行分类评价。

1.2　国内外研究进展

1.2.1　风险概念

风险概念最早在19世纪由美国学者海恩斯（Haynes）在《经济中的风险》（*Risk as an Economic Factor*）一书中提出，指从事某项活动结果的不确定性。发展到今天，关于风险仍然没有统一的概念，《韦伯字典》中的风险定义为"遭到伤害或损失的可能性"。一些学者也有不同的定义，如损失的不确定性，损失发生的概率，损失机会及损失的可能性，未来结果的不确定性产生损失的可能性，不利事件发生的可能性及其造成的后果。其中将风险定义为不利事件未来发生的可能性和不利事件所导致的损失是比较普遍认同的定义。联合国政府间气候变化专门委员会（Intergovernmental Panel on Climate Change，IPCC）第5次报告中将风险定义为灾害事件发生的概率与其发生时产生的影响的乘积。风险来源于脆弱性、暴露性和致灾性的相互内在作用。由以上定义可以看出，风险由不利事件发生的可能性以及其可能造成的影响两部分组成，数值上表示为不利事件发生的可能性与可能造成的影响的乘积，统计学上表达为不利事件的期望损失。风险研究是防灾减灾中的重要环节，风险最显著的特征是不确定性，包括随机不确定性、模糊不确定性以及偶然性。如何科学、全面地刻画风险的不确定性是风险评估的主要内容。风险从一开始应用于经济领域，慢慢地发展到企业管理、项目管理、疾病及医疗、自然灾害等几乎所有的研究领域。

1.2.2　旱灾风险评估方法

按照风险发生的形态，旱灾风险评估可分为旱灾风险静态评估和旱灾风险动态评估。

旱灾风险静态评估，是指基于历史资料，通过对某一地区干旱成灾机理及规律等进行分析，进而估计这一地区干旱发生的可能性及其可能产生的不利影响。静态旱灾风险，反映的是某一地区某一时期的风险特征，风险相对稳定，主要用于为区域干旱管理规划与政策制定提供依据、为旱灾保险等提供技术支持等。目前，旱灾风险静态评估方法主要有以下三类：基于区域灾害系统理论的旱灾风险评估方法、基于概率统计理论的旱灾风险评估方法和基于干旱事件过程的旱灾风险评估方法。上述三类方法均有其优点和缺点，如何选择合适的评估方法，需要综合考虑风险分析目的、目标使用对象、数据资料获取等因素。

所谓旱灾风险动态评估，是指基于实时旱情信息及未来可能的发展趋势分析等，提前预估某一地区未来干旱的可能影响。旱灾风险动态评估反映的是某一地区动态变化的、短期的风险特征，主要用于动态预估灾情发展、为动态决策提供量化依据等。

1.2.2.1 农业旱灾风险评估方法

（1）基于区域灾害系统理论的旱灾风险评估方法。该方法建立在灾害系统理论之上，从致灾因子的危险性、承灾体的暴露性和孕灾环境的脆弱性等方面建立评价指标体系，采用模糊数学方法计算得到灾害风险度，进而实现旱灾风险的等级评价。该方法能够反映造成旱灾风险的各因素的影响程度大小，利于成因分析，但存在指标遴选、权重确定等方面易受人为主观因素影响的问题。

（2）基于概率统计理论的旱灾风险评估方法。基于概率统计理论的旱灾风险评估方法，其基本思路是利用概率统计方法，对以往的旱灾时序数据进行分析、提炼，找出灾害发展演化的规律，计算得到风险概率，以达到预测评估未来灾害风险的目的。该方法是在旱灾时序数据的基础上直接进行概率分布的建模，建模的方法主要有两种：①参数估计法，即基于传统概率统计的旱灾风险评估方法。首先假设旱灾指标为随机变量，并符合某一概率分布，然后利用历史旱灾样本数据来估计该分布函数的参数。②非参数法。该方法不用假设频率分布，无须进行参数估计，适用性较广。目前较为常用的非参数模型有核密度估计模型和信息扩散模型。

（3）基于干旱事件过程的旱灾风险评估方法。该方法通过水文气象要素，识别出所有的干旱事件，提取干旱特征变量，推求其对应的干旱频率或重现期；采用统计模型或机理模型，确定一定抗旱能力作用下所识别的每一个干旱事件可能造成的旱灾损失；基于所有干旱事件，建立"干旱频率-潜在损失-抗旱能力"之间的定量关系，以此描述旱灾风险。该方法是建立在"在一定抗旱能力条件下，一定规模的干旱会产生一定规模的旱灾损失"这一相对确定规律之上的，即在一定抗旱能力下，随着干旱频率的下降或干旱重现期的上升，相应的可能损失理论上应呈现上升的趋势。基于干旱事件过程的旱灾风险评估方法具有较强的物理形成机制，且能够实现定量化计算。但是，该方法对于数据的支撑要求较高，同时由于作为该方法支撑的干旱频率分析技术、旱灾损失评估技术、抗旱能力评估技术等多种技术尚处于起步发展阶段，还存在很多技术细节难题，如干旱表征指标的选取，干旱识别过程中阈值的确定，工业、服务业灾损评估模型的构建等问题。

（4）旱灾风险动态评估方法。由于农业是受旱灾影响最直接且最严重的行业，目前多为针对农业进行旱灾风险动态评估，结合旱情集合预报模型结果及不同典型年数据，运用情景分析技术，构建基于作物生长模型的旱灾风险动态评估模型，实现不同情景模式下的潜在旱灾损失预评估。该方法能够动态预估旱灾风险并及时提供决策依据，但由于干旱预测预报技术尚处于起步阶段，难以提供准确的预测预报结果输入，进而导致风险结果容易受情景设置的影响。

1.2.2.2 城市旱灾风险评估方法

针对日益凸显的干旱灾害问题，国内外研究学者已开展了广泛的研究，尤其是在气象干旱、水文干旱和农业干旱方面，已积累了大量的研究成果。然而在城镇化加快、产业快速调整的背景下，干旱对于城市内的生活、生产和生态环境等的影响和应对机制，逐渐成为干旱研究的前沿问题[2]，城市干旱缺水的致灾过程、阈值及风险评估方法研究，仍存在一些亟待解决的瓶颈问题。目前，已有的干旱风险研究更多关注气象干旱、水文干旱和农业干旱领域，城市干旱的研究相对较少。针对城市干旱风险，目前研究成果多从城市干旱成因、评估和预警指标、干旱缺水风险、干旱缺水下的水量配置、干旱时空演变特征、城市抗旱措施及效益等方面，研究城市干旱风险形成过程、评估方法及应对预防机制[3-6]。

（1）城市干旱成因方面。根据现有研究成果，干旱致灾成因大体可分为自然因素和人为因素两部分，其中自然因素包括气象、水文、下垫面条件等，人为因素包括人口、产业、水利工程等[7]。即城市干旱致灾过程中，除受气象、水文等自然因素影响外，还取决于城市产业布局、水源配置方案、突发水污染事件等人为因素，且各因素间存在互馈作用关系，在气候变化和人类活动影响加剧的背景下，城市干旱过程的演变规律将更加复杂化，需要研究各要素互馈作用及其对干旱过程变化的影响。

（2）城市干旱评估和预警指标研究方面。吴玉成等[8]在干旱成因分析基础上，构建了缺水率、水位变化率等综合性和指示性指标；Wang et al.[9]基于物理机制、社会经济和政治影响，构建了城市干旱脆弱性指标。

（3）城市干旱缺水风险评估方面。韩宇平等[10]从供水和用水的不确定性角度，定量描述了城市供水系统的缺水风险，陈鹏等[11]从城市干旱对居民生活、经济产业和生态环境造成的损失角度，对城市干旱风险进行了定性分析。在干旱缺水下的水量配置方面，Stewart et al.[12]基于公平性原理，分析了不同干旱缺水等级下农业、城市各部分和环境领域的水量配置次序。

（4）城市干旱时空演变特征研究方面。相比气象干旱、水文干旱，城市干旱的承灾体相对复杂，受到水源条件、供水系统和产业布局等多种因素的影响，因此需要采取系统性分析方法，对其干旱历时、烈度、范围及过程变化特征进行分析[13-16]。Desbureaux et al.[17]定量分析了干旱对拉丁美洲78个大城市地区劳动力市场结果的影响，并对影响的时间、范围等特征进行了分析。He et al.[18]采用多尺度综合框架，研究了干旱对于城市粮食安全的时空变化影响。

（5）抗旱措施及效益方面。Wang et al.[19]从水库蓄水能力和运行管理两方面，定量分析了水库工程对于黄河下游地区的抗旱作用。傅文华等[20]利用历年抗旱投入资金和抗旱减少的经济损失数据，对比分析了广西壮族自治区典型地区抗旱后解决人饮困难、减少经济损失的情况，以此评价抗旱效益。

（6）城市供水效益模型方面。城市干旱的本质在于水量短缺，当城市生活、生产和生态环境持续缺水时，即产生致灾效果，因此，有必要明确供水量（缺水量）与供水效益（缺水损失）之间的关系，构建城市供水效益模型，以实现对城市干旱损失的定量评估。钱龙霞等[21]采用数据包络分析方法（data envelopment analysis，DEA），提出了用水效益投入和产出模型，并对北京市水资源短缺风险进行了计算；刘学峰等[22]提出了城市抗旱效益计算的价值评价法、效益评价法和机会成本法，定量描述城市抗旱的经济、社会和生态环境效益；黄显峰等[23]和罗乾等[24]利用能值分析方法，分别对生态供水效益、工业供水效益进行了量化研究，包括供水总效益和单方水效益；高志玥等[25]采用岭回归分析计算农业水资源弹性系数，进而计算了灌区的农业供水效益。Ali et al.[26]通过构建供用水动态模拟系统，分析了干旱期间模型方法在城市供水系统效益计算中的应用效果。

（7）城市因旱损失量化方法方面。针对干旱缺水损失的量化方法，国内外不同的行业、专家学者根据研究需要的不同以及研究时段的发展情况差异，对旱灾经济损失有着不同的表述[27]。李洁等[28]评估干旱灾害时将旱灾经济损失分为社会、经济、生态的直接损失和间接损失；桑琰云等[29]将旱灾经济损失分为直接经济损失、间接经济损失以及灾害救援损失。Adams et al.[30]从干旱对人类健康影响的角度，研究了全球南方地区干旱缺水与城市贫困之间的相互作用；Güneralp et al.[31]对气候变化和人类经济活动加剧背景下的城市干旱社会影响和经济损失进行了计算。目前，国内外学者提出的干旱灾害直接损失计算方法包括对比法、缺水损失法、灾情折算法、影子工程法、机会成本法等，间接损失计算方法包括等比例系数法、投入产出法、模型法等。上述方法的优点在于其可根据资料情况灵活选择应用，然而多为灾后评估，难以描述干旱形成过程的损失变化以及因旱损失的边际效益特征。

综上所述，国内外学者采用多种方法对城市干旱风险进行了指标描述、成因分析、应对措施和预防机制研究，能够对城市干旱进行现状评估和未来预警。然而，现有成果仍局限于对致灾成因和损失过程的定性分析，缺乏系统性研究城市干旱的灾变机理、因旱缺水与城市各类产业损失间的定量响应函数关系。国内外学者采用各种方法对于农业、工业和生态环境等不同行业的供水效益，已提出相关计算模型，然而单方供水效益多为固定值，难以反映绝对效益随用水量递增、边际效益随用水量递减的特点；干旱缺水损失研究正从定性描述向定量分析转变，研究的内容和深度也在不断发展，但在城市因旱损失、干旱的间接损失等方面，包括干旱带来的潜在经济损失、社会影响和生态环境损害等，仍需进一步深入和拓宽。

1.2.2.3　生态旱灾风险评估方法

建立干旱监测指标是量化干旱及其影响程度的重要手段[32]，合理构建干旱监测指标是及时准确监测生态干旱的前提。Park et al.[33]提出了"在哪监测（Where）、监测什么（What）、如何监测（How）"的生态干旱监测框架。Where指在陆地（森林、土壤、植被）与水域（河流、湿地、湖泊、河口）进行监测；What明确了监测对象，包括陆地生态系统的植被状况、土壤污染和野火，水域生态系统中的鱼类栖息地和水质；How强调生态干旱的阈值，包括严重程度监测、脆弱性评价及影响评价三方面。

关于水域生态系统的干旱监测评估研究不多，国内主要围绕湿地依据水位构建生态干旱指标，如马寨璞等[34]依据水位确定生态干旱临界点，监测白洋淀的生态干旱；张丽丽等[35]通过构建生态水位隶属函数来描述白洋淀生态干旱；侯军等[36]利用湿地水量平衡关系，选取湿地最低生态水位作为呼伦湖湿地生态干旱指标。近年来国际上开始重视河流水域生态干旱研究，围绕生态干旱的影响、水质风险等开展研究，如Jamie et al.[37]利用生态干旱概念框架分析了美国蒙大拿州西南部的5个流域尺度干旱规划，评价了干旱的生态影响；Kim et al.[38]通过应用非参数核密度估计和假设极端干旱后河流水质超过水质目标的概率，对生态干旱引起的水质风险进行了定量评估。也有研究依据生态流量建立生态干旱指标，如Park et al.[33]建立了以河流生态流量和最小流量为双阈值的生态干旱指标，评估加姆河生态系统可能发生的生态干旱程度，并提出了监测和预警生态干旱的方法。

对于陆地生态系统，通常采用基于遥感的植被指数表征植被受旱状况，如温度植被干旱指数（temperature vegetation dryness index，TVDI）[39]、归一化植被指数（normalized difference vegetation index，NDVI）[40]、增强型植被指数（enhanced vegetation index，EVI）[41]、植被条件指数（vegetation condition index，VCI）[42]、植被供水指数（vegetation supply water index，VSWI）[43]等。这些植被指数能间接反映干旱对植被的影响和植被耗水情况，但不能直接反映生态干旱过程中可获得的水与需水之间平衡关系的动态变化，在人类对水资源系统具有很大调节能力的背景下，难以结合实际缺水状况开展有效的干旱管理，如开展干旱预警和抗旱减灾工作。

生态干旱脆弱性由生态系统的暴露性、敏感性以及对水量减少的适应性所确定。生态干旱脆弱性评估是控制和缓解干旱的重要环节。已有研究参考区域灾害系统论的评判方法，利用植被在干旱状态下的暴露性、敏感性及影响性来描述生态干旱脆弱性。其中，暴露性是指一定气候条件下干旱可能发生地区群落的自然特征，如植被种类、盖度；敏感性指在一定气象水文条件影响下，特定区域自然植被对干旱缺水响应的强烈程度，表现为不同植被抵御和适应干旱影响的能力；影响性是指一定气候特征下，生态干旱对自然环境和经济社会造成的损失大小。根据不同的生态系统分类，可进一步探讨暴露性、敏感性及影响性等脆弱性指数的定量描述方法，以及生态干旱脆弱性的综合评价方法。总之，与气象干旱、水文干旱、农业干旱相比，表征生态干旱的指标更多，不仅包括卫星遥感资料反演的植被指数、植被覆盖度、植被净初级生产力（net primary productivity，NPP）、积雪面积、水面面积等，还包括地面观测的河川径流、地下水位、沙丘移动速度等指标。在干旱地区，地下水是生态植被的主要水源，气象干旱和地下水干旱是生态干旱形成和演变的驱动因素，它们之间的关系更加复杂。但有关生态干旱的监测评估方法以及生态干旱对其他干旱的反馈机理尚不明确[44]，生态干旱脆弱性的评估方法也有待深入研究。

第 2 章

干旱灾害风险理论基础

2.1 旱灾相关概念界定及形成机制分析

旱灾是地球上最复杂且被人们认知最少的自然灾害之一，世界上一些国家对干旱及其灾害的研究已有百余年的历史。我国是旱灾频发的国家，每年都有区域干旱发生，平均每2~3 年就有大旱发生。21 世纪初，我国相继发生了 2000—2001 年全国大旱、2006 年川渝大旱、2009 年初北方冬麦区冬春连旱、2010 年西南大旱以及 2011 年长江中下游大旱、2022 年长江流域夏秋连旱等，引起了社会各界的广泛关注。但在一些媒体报道和相关研究中时常出现一些将干旱、旱情和旱灾等相关概念混淆的现象。

2.1.1 干旱概念及其形成机制

2.1.1.1 干旱概念

关于干旱的定义有 100 多种，最早可以追溯到 1894 年，美国学者 Abbe 在 *Monthly Weather Review* 杂志上首次明确提出了干旱的定义，即"长期累积缺雨的结果"[45]。这种以降水为标志，强调干旱的自然属性，认为干旱是一种累积降水量比期望的"正常值"偏少的现象的思想一直影响至今，如美国国家海洋和大气管理局（National Oceanic and Atmospheric Administration，NOAA）定义干旱为严重和长时间的降水短缺[46]；世界气象组织（World Meteorological Organization，WMO）定义干旱为一种持续的、异常的降水短缺[47]；联合国国际减灾战略（United Nations International Strategy for Disaster Reduction，UNISDR）定义干旱为在一个季度或者更长时期内，由于降水严重缺少而产生的自然现象[48]；欧洲干旱中心（European Drought Centre，EDC）定义干旱为一种持续性的、大范围的、低于平均水平的天然降水短缺事件[49]。

尽管上述各种干旱定义的表述有所不同，但核心内容都是天然降水短缺现象，都是从气象过程考虑干旱问题。但是，随着研究的深入，越来越多的研究认为气象过程只是完整水循环过程中的一个部分，仅仅从气象过程研究干旱问题割裂了水循环的整体性。所谓完整的水循环，包括大气过程、土壤过程、地表过程、地下过程，其中大气过程是传统气象气候学的关注焦点，土壤过程是传统农学的关注焦点，地表过程是传统水文学的关注焦点，地下过程是传统水文地质学的关注焦点。考虑到干旱是自然水循环过程的极端事件，水循环中任一过程的水分亏缺都可能造成干旱，因此需要从水循环全过程来研究干旱。本书将干旱定义为：某地理范围内因降水在一定时期持续少于正常状态，导致河流、湖泊水量和土壤或者地下水含水层中水分亏缺的自然现象。

2.1.1.2 干旱形成机制

作为从变率意义上考虑的临时性现象，干旱是大气环流和主要天气系统持续异常的直接反映，季风的强弱、来临和撤退的迟早以及季风期内季风中断时间的长短与干旱也有直接关系。大气环流异常是指某些大气环流系统的发展、相互配置和作用、强度和位置等发生异常变化，是决定大范围旱涝出现的直接原因。季风环流的异常，通常指季风来临的时间、位置、进退速度以及强度较常年发生较大变化，往往是季风区旱涝频繁的直接原因。此外，鉴于大气变化的非绝热性，外部的强迫如热力影响，特别是下垫面热状况，如海洋热异常、陆面积雪等都有可能引起干旱。除上述因子外，太阳活动、火山活动、地球自转速度、地极移动等变化与旱涝也存在一定关系。

大气环流异常或季风环流异常导致某地区降水较正常状态偏少，当偏少程度和持续时间达到一定程度时，意味着气象干旱发生。由于降水是下垫面水分最主要的来源，气象干旱可能诱发水文干旱。在气象干旱初期，由于土壤的调蓄作用，土壤含水量不会立刻降低，但由于少雨常伴随着温度的升高，导致蒸散发的增强，包气带水分消耗加快。当气象干旱进一步蔓延加剧，在其他条件不变的情况下，一方面降雨产流可能随之减少；另一方面包气带水分继续消耗且得不到补充，土壤水分条件进一步恶化，汇流条件也可能随之削弱。产汇流的减少，直接影响河川径流的补给，导致江河湖泊等地表水体水量减少，进而影响地下水。干旱形成机制如图 2.1 所示，干旱的本质是水循环任意一个或几个环节出现水分亏缺，可表现为气象干旱（降水偏少）、农业干旱（土壤水分偏少）、水文干旱（径流偏少）等。

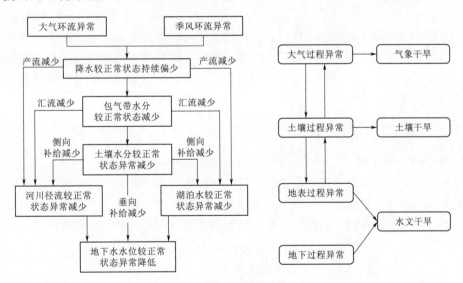

图 2.1　干旱形成机制

2.1.2　干旱基本特征

1. 随机性

从发生概率上来说，干旱具有随机性。本书将干旱定义为"某地理范围内因降水在一定时期持续少于正常状态，导致河流、湖泊水量和土壤或者地下水含水层中水分亏缺的自然现象"。可见，干旱是自然水循环过程的极值事件之一，是从变率意义上考虑的临时性水分短缺现象，一场干旱的持续时间、严重程度及影响范围都是随机变量，即干旱具有随机性。干旱可以发生在任何区域的任何时段，既可以出现在干旱或半干旱区的任何季节，也可发生在半湿润甚至湿润地区的任何季节。

2. 蠕变性

从时间维度上来说，干旱具有蠕变性。任何事物都有其发生、发展和消亡的过程，只是不同事物形成的过程有长有短，有缓有急。例如，洪水往往形成较快，几天甚至几个小时之内就能形成；再如，飓风的形成及地震的发生更快，可能只需要几个小时甚至几分钟、几秒钟。而相比之下，干旱的发生、发展过程要缓慢得多，通常需要几个月、数个季节甚至数年，干旱的时空特性如图 2.2 所示。干旱这种悄无声息地发生、缓慢发展的特性，本书称之为蠕变性。

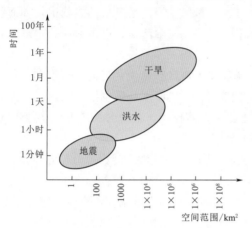

图 2.2　干旱的时空特性

3. 广泛性

从空间维度上来说，干旱具有广泛性。俗话说"洪水一条线，干旱一大片"，是指洪涝灾害一般集中发生在一条狭长的地带，而一旦发生干旱，则往往影响范围较广。因为造成洪涝的暴雨主要发生在冷暖气团交汇的狭长的锋面地带，而造成干旱的降水偏少则是在范围广阔的单一气团内形成的，如我国北方大范围的春旱就是在大陆干暖空气的长期控制下形成的，南方的"伏旱"则是在太平洋的副热带高压控制下发展起来的。

2.1.3　干旱表征及度量方法

1. 干旱的函数表达

由干旱形成机制的分析可知，造成干旱的直接驱动因子是大气环流异常或季风环流异常，而其可能表现为包括大气过程、土壤过程、地表过程、地下过程在内的水循环任意一个或多个过程的水分亏缺。因此，干旱的度量函数有以下几种可能的表达形式：

$$S_{\text{Drought}} = f(P) \tag{2.1}$$

$$S_{\text{Drought}} = f(M_{\text{soil}}) \tag{2.2}$$

$$S_{\text{Drought}} = f(R_{\text{surface}}) \tag{2.3}$$

$$S_{\text{Drought}} = f(R_{\text{ground}}) \tag{2.4}$$

$$S_{\text{Drought}} = f(P, M_{\text{soil}}, R_{\text{surface}}, R_{\text{ground}}) \tag{2.5}$$

式中：S_{Drought} 为干旱的严重程度；P 为某时段降水量；M_{soil} 为某时段土壤含水量；R_{surface} 为某时段地表径流量；R_{ground} 为某时段地下径流量。

干旱度量之所以有多种函数表达形式，正是由于不同地区干旱形成及其影响因素不尽相同，度量干旱的指标也不一样，可能是单一的气象要素，也可能是单一的水文要素，还可能是两个或者多个要素的综合。

2. 干旱的度量指标

干旱的度量指标是表征某一地区干旱程度的标量，是干旱识别、干旱特征指标计算的重要基础。国外关于干旱指标的研究较早，不同学者从不同角度提出了许多干旱指标，如 Munger 指标、Kincer 指标、Marcovitch 指标、Blumenstock 指标、相对湿度指数、帕默尔干旱指数（Palmer drought severity index，PDSI）、降水异常指数（rainfall anomaly index，RAI）、降水十分位数、Keetch-Byrum 干旱指数、Bhalme 和 Mooly 干旱指数、地表水供水指数（surface water supply index，SWSI）、标准化降水指数（standardized precipitation index，SPI）、土壤湿度干旱指数（soil moisture drought index，SMDI）、标准化径流指数（standardized runoff index，SRI）、径流干旱指数（streamflow drought index，SDI）等干旱指标[49-61]。我国对干旱指标的研究相对较晚，提出的指标也相对较少，代表性的有根据我国降水特征分布提出的 Z 指数[62] 及综合气象干旱指数（composite index，CI）。干旱度量指标发展历程如图 2.3 所示。

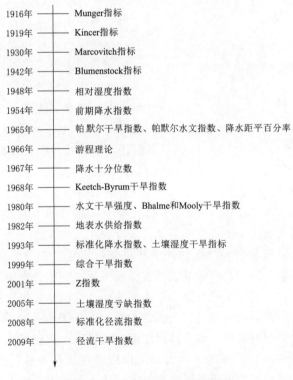

1916年	Munger指标
1919年	Kincer指标
1930年	Marcovitch指标
1942年	Blumenstock指标
1948年	相对湿度指数
1954年	前期降水指数
1965年	帕默尔干旱指数、帕默尔水文指数、降水距平百分率
1966年	游程理论
1967年	降水十分位数
1968年	Keetch-Byrum干旱指数
1980年	水文干旱强度、Bhalme和Mooly干旱指数
1982年	地表水供给指数
1993年	标准化降水指数、土壤湿度干旱指标
1999年	综合干旱指数
2001年	Z指数
2005年	土壤湿度亏缺指数
2008年	标准化径流指数
2009年	径流干旱指数

图 2.3 干旱度量指标发展历程

2.1.4 旱灾概念及其形成机制

2.1.4.1 旱灾概念

在一些期刊或报纸上，常常可以看到"……发生了 50 年一遇的旱灾……"的说法，这里所说的"50年一遇"其实是指天然降水偏少的程度，是干旱发生的频率，不是干旱造成的影响或损失的程度，这是由于对干旱与旱灾概念理解不清的结果。在本书中，旱灾是指由于降水减少、水工程供水不足引起的用水短缺，并对生活、生产和生态造成危害的事件。

根据受灾对象的不同，可将旱灾划分为农业旱灾、城市旱灾和生态旱灾。其中，农业旱灾是指作物生育期内由于受旱造成作物较大面积减产或绝收的事件。城市旱灾指城市因遇枯水年造成城市供水水源不足，或者由于突发性事件使城市供水水源遭到破坏，导致城市实际供水能力低于正常需求，致使城市正常的生活、生产和生态环境受到影响的事件。生态旱灾是指湖泊、湿地、河网等主要以水为支撑的生态系统，由于天然降雨偏少、江河来水减少或地下水位下降等原因，造成湖泊水面缩小甚至干涸、河道断流、湿地萎缩、咸潮上溯以及污染加剧等，使原有的生态功能退化或丧失，生物种群减少甚至灭绝的事件。

2.1.4.2　旱灾形成机制

根据区域灾害系统理论，形成旱灾必须具备以下三个要素：致灾因子、孕灾环境和承灾体[63-65]（图2.4）。这三个要素在旱灾的形成过程中缺一不可，只是对灾情程度起到的作用不同。

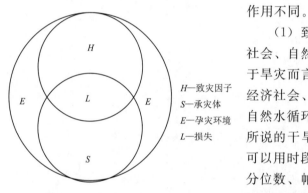

图 2.4　旱灾系统构成要素

H—致灾因子
S—承灾体
E—孕灾环境
L—损失

（1）致灾因子是指直接引起人类及其经济社会、自然资源遭受损害的自然异常变化。对于旱灾而言，致灾因子是指直接引起人类及其经济社会、生态环境遭受损害的气象、水文等自然水循环要素异常偏少的不利事件，即上文所说的干旱。致灾因子的强度即干旱的强度，可以用时段降水量、降水距平百分率、降水十分位数、帕默尔干旱指数、标准化降水指数、地表水供水指数、标准化径流指数、径流干旱指数等干旱指标或相应的概率分布函数来反映。需要指出的是，致灾因子的强度并不能完全反映旱灾的程度。

（2）孕灾环境指旱灾孕育与产生的外部环境条件。狭义的孕灾环境主要指大气、水文、下垫面等自然环境，广义的孕灾环境则包括自然环境和社会环境，其中社会环境主要反映人类预防、调控、应对、减轻或加剧旱灾的活动。在整个灾害发生发展过程中，孕灾环境处于关键地位，一方面充当着孕育灾害的角色，另一方面又充当着致灾媒介的角色，它决定了灾害事件的类型与规模、承灾体可能面对的风险以及应对风险可能受到的制约。

（3）承灾体是在一定孕灾环境下致灾因子作用的客体，包括人类经济社会和生态环境。在特定的受灾区域，当致灾因子强度和孕灾环境大致相近条件下，造成的财产经济损失程度随承灾体价值和数量的增大而增大。

2.1.5　旱灾基本特征

1. 渐进性和累积性

虽然旱灾并不等同于干旱，但干旱是旱灾的致灾因子，由于干旱具有悄无声息地发生、缓慢发展的特性，旱灾亦具有渐进性。旱灾是一种非突发性的渐进性灾害，其形成是一个逐步累积的缓慢过程。旱灾的形成，是由干旱所引起的，首先表现为资源问题，随着其发生发展，逐渐演变为灾害问题，且灾害影响具有时间累积效应。

2. 自然和社会双重属性

旱灾是干旱这种自然现象和人类经济社会活动共同作用的结果，是自然系统和社会经济系统在特定的时间和空间条件下耦合的特定产物，具有自然和社会双重属性。

旱灾的自然属性主要体现在两方面：一方面是旱灾形成机制的自然性。自然水循环要素异常是旱灾的致灾因子，旱灾的强度也常常受制于自然水循环要素异常的程度。另一方面是旱灾分布特征的自然性。自然水循环要素异常是旱灾分布的重要背景因素之一，旱灾的时空分布规律常常与自然水循环要素异常的时间和空间分布密切相关。

旱灾的社会属性主要体现在以下两个方面：一方面是旱灾形成机制的社会性。除了降水自然异常，人类大规模改造自然的行动，如乱伐森林、围湖造田、河湖排污、城市化等也是诱发或加剧旱灾的重要因素。近几十年来，越来越多的国家和地区遭受着愈加频繁的旱灾袭击，旱灾影响范围越来越广，程度也越来越重，灾害损失成几倍、几十倍增长。很显然，单单从降水等自然异常来解释这一现象是片面的，因为尽管天然降水存在着较大的年际变化，但从一个时期来看，降水自然异常是相对稳定的，因此，更应该从人类社会本身来分析原因。另一方面是旱灾影响机制的社会性。旱灾的存在是以人类社会的存在为前提的。人类的出现源于自然演化的巨大变异。在人类出现以前，即使几百年甚至几千年不降雨，却无所谓旱灾的存在。即便是现在，如果干旱发生在那些荒无人烟、人迹罕至的大沙漠里，对人类没有丝毫影响，那也无所谓旱灾了。总之，旱灾是多种因素共同作用的结果，是干旱和人类活动所形成的叠加效应，是自然环境系统和社会经济系统在特定的时间和空间条件下耦合的特定产物。干旱就其本身而言并不是灾害，只有当其对人类社会或生态环境造成不良影响时才演变成旱灾。

3. 相对可控性

旱灾的相对可控性，是指旱灾在一定程度上能够得到有效预防或者减轻的特性。值得注意的是，这里所说的是旱灾具有相对可控性，而并非干旱，因为人类是无法控制干旱这一自然现象的发生和发展的，但通过采取有效的措施可以预防旱灾的发生或者在一定程度上减轻其影响和带来的损失。

基于对旱灾双重属性之一的社会属性的认识，可以从以下两个方面理解旱灾的相对可控性。首先，旱灾的形成具有相对可控性。我们已经知道旱灾是自然和人类活动所形成的叠加效应，人类无法改变天然降水异常，但却可以通过修正人类自身的活动而降低旱灾发生的风险。譬如，乱伐森林、河湖排污等人类大规模改造自然的行动可能诱发或加剧旱灾，但是如果人类不再随意砍伐植被、不再肆意向河湖倾倒垃圾，那么因水土流失、水资源污染而诱发或加剧旱灾的现象就可能得到控制。其次，旱灾的影响具有相对可控性。旱灾应对机制不同，旱灾影响也常常相差甚远，可能"放大"、也可能"缩小"其影响，这主要取决于社会经济基础、科学技术水平、社会制度、社会成员的素质、灾害设防能力、减灾工程和非工程措施等，不同应对模式对旱期供需水关系的影响如图 2.5 所示。实践表明，只要尊重自然规律，通过行政、法律、科技、经济等手段，合理配置和利用水资源，规范人类自身活动，就能够降低旱灾对城乡居民生产生活、经济发展和生态环境的影响。需要指出的是，受技术、经济水平以及对旱灾认识的限制，人类目前还不能完全战胜旱灾。

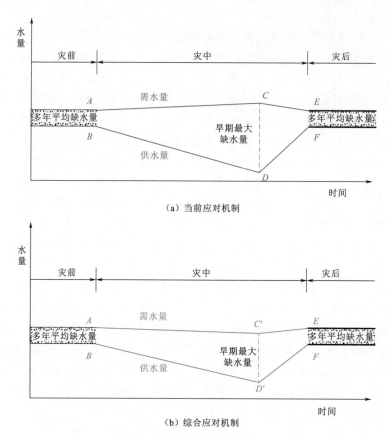

图 2.5　不同应对模式对旱期供需水关系的影响

2.1.6　旱灾表征及度量方法

1. 旱灾的函数表达

根据旱灾定义，可以从因旱缺水量或因旱损失两个角度来度量：

$$S_{\text{Drought disaster}} = f(W) \tag{2.6}$$

$$S_{\text{Drought disaster}} = f(L) \tag{2.7}$$

式中：$S_{\text{Drought disaster}}$ 为旱灾的严重程度；W 为因旱缺水量；L 为因旱损失。

2. 旱灾的度量指标

目前，还没有统一的、公认的旱灾度量指标，这是由于它涉及自然和社会两个方面的因素，无法像干燥和干旱那样用纯自然参数构成的指标来描述，又因其影响的范围广、行业多，其损失定量评估往往还难以做到，很多时候还主要停留在定性评估上。在我国，旱灾度量研究相对走在前面，已出台的水利行业标准《干旱灾害等级标准》（SL 663—2014）中，提出了农业旱灾评估、牧业旱灾评估、城市旱灾评估指标及等级标准，见表 2.1。

表 2.1　　　　　　　　　　　　　　　旱灾评估指标体系

评估内容	旱灾评估指标
农业旱灾损失	粮食因旱损失率
牧业旱灾损失	牧草因旱损失率
城市旱灾损失	城市因旱 GDP❶ 损失率
因旱饮水困难	因旱饮水困难人口（因旱饮水困难率）

2.1.7　旱情概念及相关概念辨析

2.1.7.1　旱情概念

提到干旱和旱灾，还须提到旱情的概念[66]。旱情是指干旱在发生、发展过程中对人类经济社会相关领域，如农牧业生产、城乡供水以及生态环境等的影响情况，但尚未造成灾害性后果。

根据受旱对象的不同，旱情可分为农村旱情、城市旱情和生态旱情等，其中农村旱情又包括农业旱情、牧业旱情和因旱人畜饮水困难。农业旱情是指作物受旱状况，即土壤水分供给不能满足作物发芽或正常生长要求，导致作物生长受到抑制甚至干枯的现象；牧业旱情是指牧草受旱情况，即土壤水分供给不能满足牧草返青或正常生长要求，导致牧草生长受到抑制甚至干枯的现象；因旱人畜饮水困难是指由于干旱造成城乡居民以及农村大牲畜临时性饮用水困难情况。城市旱情是指因旱造成城市供水不足，导致城市居民生活和工商企业供水短缺的情况。生态旱情是指因旱造成江河径流量减少、地下水位下降、湖泊淀洼水面缩小或干涸、湿地萎缩、草场退化、植被覆盖率下降等情况。

根据受旱季节的不同，一般针对农业旱情，又分为春旱、夏旱、秋旱、冬旱和连季旱。春旱是指 3—5 月间发生的旱情。春季正是越冬作物返青、生长、发育和春播作物播种、出苗季节，特别是我国北方地区，春季本来就是春雨贵如油、十年九旱的季节，假如降水量比正常年份再偏少，发生严重干旱，不仅影响夏粮产量，还造成春播基础不好，影响秋作物生长和收成。夏旱是指 6—8 月发生的旱情，三伏期间发生的旱情也称伏旱。夏季为晚秋作物播种和秋作物生长发育最旺盛的季节，气温高、蒸发大，夏旱可能影响秋作物生长甚至减产。秋旱是指 9—11 月发生的旱情。秋季为秋作物成熟和越冬作物播种、出苗季节，秋旱不仅会影响当年秋粮产量，还影响下一年的夏粮生产。秋季是蓄水的关键时期，长时间干旱少雨，径流减少，将导致水利工程蓄水不足，给冬春用水造成困难。冬旱是指 12 月至次年 2 月发生的旱情。冬季雨雪少将影响来年春季的农业生产。连季旱是指两个或两个以上季节连续受旱，如春夏连旱、夏秋连旱、秋冬连旱、冬春连旱或春夏秋三季连旱等。

2.1.7.2　相关概念辨析

干旱、旱情与旱灾的联系和区别[66]，主要体现在以下三个方面：

（1）属性不同。干旱是一种正常的自然异常，仅具有自然属性；而旱情和旱灾，不仅

---

❶　GDP 为 Gross Domestic Product（国内生产总值）的简称。

与自然异常有关，还与社会经济承载体密切相关，具有自然和社会双重属性。如西北等常年干旱的荒漠地区，由于没有人类活动，干旱就不会形成旱情、旱灾。

（2）在发生时间上存在递进性，是个逐步累进的过程，旱情是介于干旱与旱灾之间的一个概念。没有干旱，谈不上旱情，更谈不上旱灾。

（3）干旱、旱情与旱灾不存在绝对的对等关系。出现严重的干旱，并不一定意味着严重旱情。譬如，针对农业生产而言，当出现严重的干旱时，可能出现以下几种情形：第一种情形是如果严重干旱发生时正值作物需水关键期，且缺少其他形式的水源，那么必定导致严重的旱情；第二种情形是虽然严重干旱发生时正值作物需水关键期，但地表或地下水源状况良好，能够保证作物关键期的临界需水量，那么旱情很有可能比较轻；第三种情形是即便发生非常严重的干旱，但此时作物处于成熟期，即将被收获，那么可能旱情很轻甚至没有旱情。当出现严重的旱情时，也不一定意味着严重旱灾。旱灾是旱情进一步发展的结果，由于社会系统或生态系统都具有忍受一定程度干旱缺水的能力，当旱情发展到一定程度，超出了社会系统或生态系统的承受能力，就会产生旱灾。因此，旱灾的严重程度主要取决于人类社会的灾害应对机制，旱情发生前是否有前瞻性的备灾措施，发生时是否有有效的抗灾措施，发生之后是否有必要的补救措施。如果这些措施都已做到位，那么旱情即便很严重，灾情也可能很轻，也就会出现人们常说的"大旱之年无大灾"的现象。

2.2　旱灾风险理论

2.2.1　旱灾风险概念

风险的概念最初源于经济领域，后被广泛应用于经济、工程、科学等相关领域，进入 20 世纪中期，风险被逐步引入了灾害研究领域。由于涉及的学科背景不同，或对风险的应用背景不同，风险的定义也不尽相同。目前，灾害风险的概念主要可归为以下三类：

（1）风险是不利事件发生的不确定性。例如，Smith 将灾害风险定义为"是某一灾害发生的概率"[67]；Shrestha 将灾害风险定义为"不利或不希望事件发生的可能性"。该概念侧重于灾害的自然属性，倾向于将风险归因于纯粹的物理现象[68]。

（2）风险是不利事件产生的可能后果。例如，Maskrey 将灾害风险定义为"某一自然灾害发生后所造成的总损失"[69]；联合国国际减灾战略将自然灾害风险定义为"在一定区域和给定的时段内，由于某一自然灾害而引起的人们生命财产和经济活动的期望损失"[68]。该概念侧重于灾害的社会属性，倾向于将风险主因归于人类活动。

（3）风险是不利事件的可能性与其产生不利影响的不确定性的综合度量。例如，Tobin et al. 将灾害风险定义为"一灾害发生的概率和期望损失的乘积"[70]；Deyle et al. 将灾害风险定义为"某一灾害发生的概率（或频率）与灾害发生后果的规模的组合"[71]；Einstein 将灾害风险定义为"事件发生的概率乘以事件的后果"[72]。该概念综合考虑了灾害的双重属性，即自然属性和社会属性，认为风险是自然事件和人工系统相互作用的结果。

旱灾风险源于自然灾害风险，具体应该采用哪类概念来定义旱灾风险，还需要从旱灾形成机理来考虑。在本书 2.1 节中，已经对旱灾概念、基本特征以及形成机制进行了剖析，认识到旱灾是干旱这种自然现象和人类活动共同作用的结果，是自然系统和社会经济系统在特定的时间和空间条件下耦合的特定产物，旱灾兼具自然和社会双重属性。干旱就其本身而言并不是灾害，只有当干旱对人类社会或生态环境造成不良影响时才演变成旱灾。因此，旱灾风险宜用第三类风险概念来定义，即指干旱发生的可能性及可能产生的不利影响的综合度量。

2.2.2　旱灾风险分类

　　总的来说，旱灾风险可以从以下三个角度来进行分类：

　　（1）从承灾体的类型来看，可以分为农业旱灾风险、牧业旱灾风险、城市旱灾风险和生态旱灾风险。

　　（2）从风险发生的形态来看，可以分为静态旱灾风险和动态旱灾风险。

　　（3）从风险管理的标准来看，可以分为可管理旱灾风险和不可管理旱灾风险。

2.2.3　旱灾风险形成机制

2.2.3.1　基于系统理论的旱灾风险形成机制

　　如前文所述，基于区域灾害系统理论，旱灾系统的构成要素是致灾因子、承灾体和孕灾环境，旱灾风险的构成要素则是危险性、暴露性和脆弱性[73]（图 2.6）。危险性是指一定孕灾环境下，给人类经济社会、生态环境带来损害的干旱事件发生的可能性，反映的是干旱的时空规模、强度和变异性等。一般来说，危险性越大，旱灾风险也就越大。暴露性是指一定孕

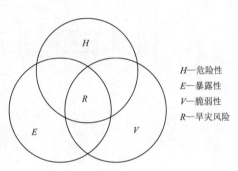

H—危险性
E—暴露性
V—脆弱性
R—旱灾风险

图 2.6　基于灾害系统理论的
旱灾风险形成机制

灾环境下，受干旱事件威胁地区承灾体的分布特征，体现为承灾体种类、数量、密度、价值等。一个地区暴露于旱灾危险因素的价值密度越高，可能遭受的潜在损失就越大，风险也就越高。脆弱性是指一定孕灾环境下，承灾体受干旱事件影响的敏感程度，体现为承灾体自身抵御干旱事件影响的能力以及人类主动减轻干旱事件影响的能力。在相同的致灾强度下，灾情会因设防能力、经济水平和人类对旱灾的反应不同而呈现出较大的差异，即旱灾脆弱性的高低具有"放大"或"缩小"灾情的作用，同时也能客观反映人类对旱灾应付、缓冲和恢复能力的差异。一般孕灾环境的脆弱性越低，灾害风险也越低。从系统工程的角度看，旱灾风险可作为一个系统，其系统输入为危险性，其系统转换为脆弱性和暴露性，而其系统输出就是有可能发生的旱灾风险。需要指出的是，旱灾风险并不等同于旱灾，只有当因干旱造成的影响和危害的可能性变为现实，风险才转化为灾害。

2.2.3.2　基于物理过程的旱灾风险形成机制

　　前文对旱灾风险进行了界定，即指干旱发生的可能性及可能产生的不利影响的综合度量，其中，干旱事件发生的可能性，即干旱风险。从区域灾害系统理论及风险理论来说，

干旱风险表征的是致灾因子危险性的大小，而旱灾风险表征的是危险性与暴露性、脆弱性共同作用的结果。对于特定的承灾体，在一定防灾减灾能力下，干旱风险越大，旱灾风险也越大；但是，当承灾体、防灾减灾能力不同时，该规律也不尽然。换言之，干旱风险是形成旱灾风险的必要而非充分条件。总的来说，物理过程经历了从干旱风险到旱灾风险的过程，如图 2.7 所示。

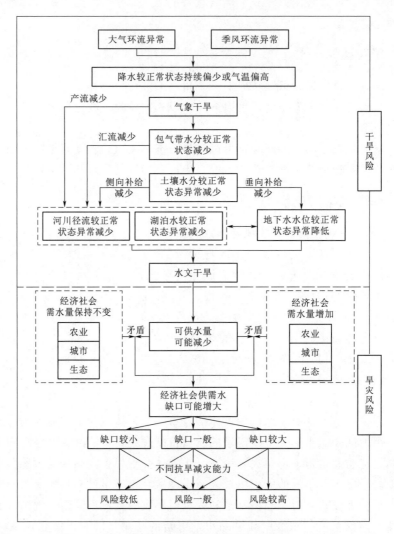

图 2.7　基于物理过程的旱灾风险形成机制

在干旱风险形成阶段，其原始驱动因子为大气环流异常或季风环流异常。大气环流异常或季风环流异常导致某地区降水较正常状态偏少，当偏少程度和持续时间达到一定程度时，意味着气象干旱发生。由于降水是下垫面水分的唯一来源，气象干旱可能诱发水文干旱。当气象干旱进一步蔓延加剧，在其他条件不变的情况下，一方面产流可能随之减少，另一方面包气带的水分也将随之减少，土壤水分条件恶化，汇流条件也可能随之削弱。产汇流的减少，将直接导致江河湖泊等地表水体水量减少，进而影响地下水。

在旱灾风险形成阶段，其主要驱动因子为水文干旱。当水文干旱持续发展时，可能导致可供水量减少，而与此同时，维持整个经济社会正常运转的农业、城市和生态需水量仍保持不变，甚至在某些条件下还会增加，如此一来，可能扩大经济社会供需水缺口。在一定抗旱减灾能力条件下，不同程度的供需水缺口状况，可能表现为不同程度的旱灾风险。

2.2.4 旱灾风险表达式

尽管旱灾有别于洪涝、地震等其他灾害，但自然灾害的风险评估都可用式（2.8）来表述，只是针对不同灾种，指数含义略有不同：

$$R = H \circ D \tag{2.8}$$

式中：R 为风险；H 为描述风险源的函数族；D 为描述"压力-反应关系"的函数族；$\circ$ 为合成规则族。

对于旱灾风险而言，H 和 D 分别是描述旱灾致灾因子的概率密度函数和描述承灾体的压力-反应曲线，$\circ$ 是概率密度函数和压力-反应曲线的合成运算，如图 2.8 所示。对于给定的承灾体，该模型的输入是与风险源有关的参数，输出是能描述风险情景的量化指标的具体数值。

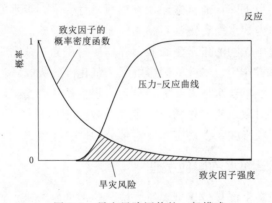

图 2.8 旱灾风险评估的一般模式

第 3 章

不同承灾对象旱灾风险孕育机理

在一定自然和社会环境条件下，当干旱事件作用于人类经济社会和生态环境等不同承灾对象时，可能导致农作物减产、城乡供水短缺、生态缺水。当不同强度和历时组合的干旱事件过程发生时，不同下垫面条件下不同种类作物如何响应？不同供水水源条件下不同类型产业如何响应？不同来水条件下的水域生态又是如何响应的？本章将通过田间试验以及作物模型模拟两种方式互相补充，系统揭示农业、城市、生态等不同承灾对象的旱灾风险孕育机理。

3.1 农作物对干旱缺水的响应机理

干旱导致土壤含水量下降，通常造成作物根系发育受限，吸水能力下降，长时间的影响会进一步导致作物体内缺水而萎蔫甚至枯萎。作物水分运输的减少，也会影响作物对土壤养分的吸收，从而影响作物的正常生长和营养物质的积累。缺水时，作物为了保水，会关闭气孔，进而减小蒸腾作用。气孔关闭影响了二氧化碳的吸收，光合作用会减弱，叶绿素的合成也受到抑制。干旱缺水从多个方面导致作物生长发育受阻，产量减少。本节选择春玉米和水稻作为研究对象，研究作物不同生育期发生不同程度干旱缺水时，作物株高、生物量、最终产量受到的影响，以确定作物对水分的敏感程度。

3.1.1 春玉米对干旱缺水的响应机理

我国玉米种植面积和总产量位居世界第二位，约占世界玉米总产量的 1/5，玉米主产区在我国东北、华北和西北地区，以吉林、黑龙江、山东等省的种植面积最大。其中春玉米主要分布在黑龙江省、吉林省、辽宁省、宁夏回族自治区和内蒙古自治区，山西省的大部，河北省、陕西省和甘肃省的一部分。

3.1.1.1 基于大田及桶栽试验的玉米干旱缺水响应研究

为了研究春玉米对水分亏缺的响应机理，在不同试验站进行了春玉米大田或桶栽试验，包括不同水平年玉米大田试验、干旱缺水条件下玉米响应试验、不同水平年玉米灌溉制度研究试验。

1. 不同水平年玉米大田试验

（1）试验目的。以玉米为试验材料，采用试验地区常规种植方法，进行大田单作试验（图 3.1）。本书以 2016 年和 2017 年为平水年、2018 年为严重干旱年，探讨不同年型水分条件下，作物生长受到的影响。

（2）试验场地。大田试验于2016—2018年在位于风沙半干旱区的农业部阜新农业环境与耕地保育科学观测实验站（阜新市阜新蒙古族自治县沙扎兰村）进行，试验场地的土壤为典型的风沙土，海拔45.00m；2016—2018年，年均潜在蒸发量为1445mm，3年总降水量为720mm，平均气温为9℃。2016—2018年试验区域逐日最高气温、最低气温及降水量如图3.2所示。

图3.1 单作玉米试验现场

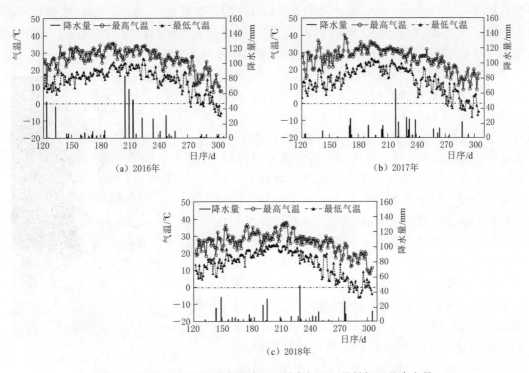

（a）2016年 （b）2017年

（c）2018年

图3.2 2016—2018年试验区域逐日最高气温、最低气温及降水量

（3）试验设计。在试验场地进行单作种植，种植密度为40000～100000株/hm²，种植行距为50cm。肥料用量为：播种时施磷酸二铵（N含量18%，P_2O_5含量46%）和三元复合肥（N含量15%，P_2O_5含量15%，K_2O含量15%）各150kg/hm²作为种肥；拔节期人工追施尿素（N含量46%）450kg/hm²，其他管理参考当地常规水平，如有灌溉则记录灌溉量。

根据玉米不同生育阶段的耗水规律和水分敏感性，针对不同降水年景，根据作物关键需水期设计灌溉方案，以产量和经济上许可的灌溉水分利用效率为限制条件，量化合理灌溉定额和灌溉时间。本书仅考虑水分对玉米的影响，故在设置中保证肥料等条件充分满足作物需要。

（4）试验方法。在玉米生育期内取样测定其生长情况，指标包括株高、茎粗、叶面积、叶面积指数、干物质等。株高用米尺测定，茎粗用游标卡尺测定，叶面积用长宽法测定，干物质用称重法测定，重复3次。玉米收获后，每个情景随机取5株进行测产，同时进行考种，测定其穗长、穗粗、行粒数、行数、轴粗、百粒重及粒重等参数。

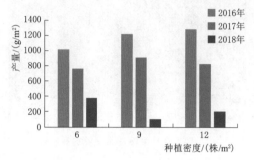

图 3.3　单作玉米产量图

（5）试验结果分析。

1）最优种植密度分析。由图3.3可知，在2016年和2017年，种植密度的最优配置为9株/m²，而在2018年，种植密度为9株/m²的产量最低、6株/m²的产量相对较高，这主要是由于2018年遭受了严重干旱，且玉米产量受天气影响极大。因此在干旱年种植玉米时可考虑降低玉米种植密度，当发生干旱时应及时灌溉补水。

2）干旱年的产量影响分析。由图3.3可知，2018年玉米产量明显低于2016年和2017年，主要原因是2016年的雨水较为丰沛，而2018年发生了严重干旱，致使玉米产量不足2016年的1/3，2018年玉米收获现场样本如图3.4所示。分析其原因可知，在玉米灌浆期发生严重干旱，导致茎叶内缺水而影响养分传输，减少干物质积累，使穗棒松软，形成的籽粒不饱满，同时玉米体内的调节能力降低，叶片灼伤甚至枯萎死亡；在玉米拔节抽穗期及授粉期同样发生了严重干旱，导致发育期明显缩短，促进玉米早熟。该时期玉米植株茎叶生长迅速，雌雄穗不断分化，是玉米需水的关键时期，干旱阻碍玉米雌雄穗分化，使雌雄穗抽出时间间隔增加或不能抽出，雌雄穗发育不协调，致花期不遇，授粉不良、穗长变短、穗粒数和穗重明显降低，造成玉米穗小、

图 3.4　2018 年玉米收获现场样本

稀粒、秃顶甚至空杆而最终导致严重减产。2018年玉米单作系统中玉米产量及产量构成因素见表3.1。

表 3.1　　　　　　　　2018 年玉米单作系统中玉米产量及产量构成因素

种植密度/(株/m²)	穗数/(穗/m²)	穗粒数/粒	百粒重/g	产量/(g/m²)
6	5.9	174.72	30.90	357.34
9	8.7	22.52	24.83	51.74
12	11.4	74.42	30.36	277.80

注　表中间作系统的穗数及产量为均一化数值。

如表3.1所示的试验结果，在2018年玉米产量构成因素中，种植密度为9株/m²时产量较低，主要是由于穗粒数极低，严重影响产量，造成这一结果的主要原因是干旱导致

玉米稀粒。可见发生干旱时，适当地降低种植密度可使玉米产量增加，种植密度为 6 株/m^2 的穗粒数比 9 株/m^2 高 673%，比 12 株/m^2 高 135%。

3）不同水平年干物质的变化分析。在地上部干物质方面，由 2016 年及 2017 年的结果可知，不同种植密度下的地上部干物质并无明显变化，种植密度为 9 株/m^2 的干物质量略高于其他 2 种种植密度，如图 3.5 所示。可见种植密度并不会对干物质的量造成过多影响，在 2016 年和 2017 年试验中，玉米干物质的量最终无显著差异。

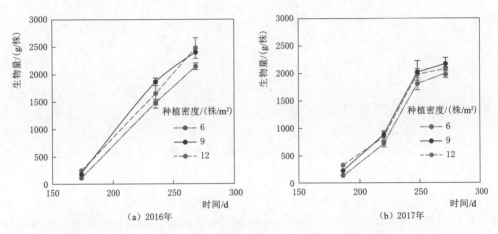

图 3.5 2016 年和 2017 年不同种植密度下单作玉米生物量随时间变化图

4）不同水平年对株高的影响分析。在株高方面，3 种种植密度下的玉米无显著差距，2016 年和 2017 年的株高基本相似，种植密度越大，玉米的株高越大，如图 3.6 所示。这可能是由于种植密度大时，玉米为了得到更多光资源，相比低密度种植模式需要长得更高。

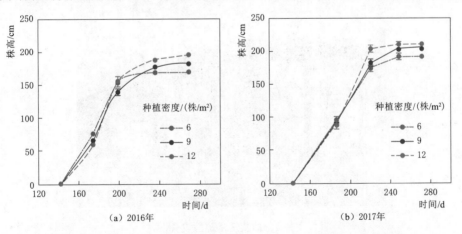

图 3.6 2016 年和 2017 年不同种植密度下单作玉米株高随时间变化图

5）不同水平年对土壤总含水量的影响分析。2016 年 3 种种植密度模式下的玉米变化趋势大致相同（图 3.7），在土壤总含水量方面，种植密度为 6 株/m^2 的土壤总含水量大于 9 株/m^2 又大于 12 株/m^2，说明玉米的种植密度越大，玉米生长过程中需要消耗的水分越多，但在生育后期耗水量无明显差异。2017 年 7—8 月试验场地降水较多，因此土壤

23

水分含量较高，但整体变化趋势与 2016 年相同，即种植密度为 6 株/m² 的土壤总含水量大于 9 株/m² 又大于 12 株/m²。

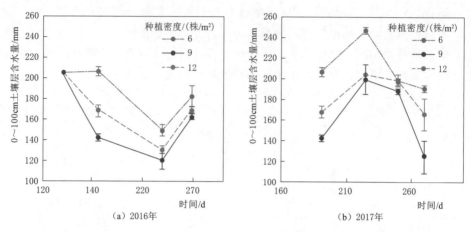

图 3.7　2016 年和 2017 年不同种植密度下单作玉米土壤总含水量随时间变化图

2. 干旱缺水条件下玉米响应试验

（1）试验目的。以玉米为试验对象，采用人工桶栽方式，研究水分胁迫条件下玉米可塑性与水分利用效率的响应关系，为研究作物干旱胁迫机理、探明作物根系与土壤水分利用机理、提高水分利用效率，以及实现作物的高产和稳产提供理论依据。桶栽玉米试验设置如图 3.8 所示。

图 3.8　桶栽玉米试验设置图

（2）试验场地。人工模拟试验在辽宁省农业科学院作物抗旱模拟实验场进行。

（3）试验设计。由于情景设置较多，采用 PVC 材料的桶进行试验，其规格为直径30cm、高 50cm。试验设置的种植密度为 60000 株/hm²，种植行距为 50cm。肥料用量为：播种时施磷酸二铵（N 含量 18%，P_2O_5 含量 46%）和三元复合肥（N 含量 15%，P_2O_5含量 15%，K_2O 含量 15%）各 150kg/hm² 作为种肥，拔节期人工追施尿素（N 含量

46％）450kg/hm^2，其他管理正常。

采用完全随机设计，设置 3 种不同程度缺水条件，即无水分胁迫（H：田间持水量的 75％±5％，为对照），轻度缺水（L：田间持水量的 55％±5％），重度缺水（D：田间持水量的 35％±5％）；缺水发生在 3 个生育期，即苗期—拔节期，拔节期—灌浆期，灌浆期—成熟期，每个生育期的缺水情景持续 30d。共计 9 个情景，随机排列，每个情景重复 6 次。

（4）试验方法。在水分情景设置后的第 30d 测定玉米生长情况，指标包括株高、茎粗、叶面积、叶面积指数、干物质等，其中株高用米尺测定，茎粗用游标卡尺测定，叶面积用长宽法测定，干物质用称重法测定。玉米收获后，每个情景随机取 5 株进行测产，同时进行考种，按常规方法测定其穗长、穗粗、行粒数、行数、轴粗、百粒重及粒重等参数。

由于实验时桶底有隔板，地下水补给影响可忽略不计，则作物耗水量简化计算公式为

$$ET = R_2 - \Delta W \tag{3.1}$$

式中：ET 为作物耗水量，mm；R_2 为作物生育期灌水量，mm；ΔW 为计算时段内土壤贮水量的变化，mm，土壤贮水量及作物耗水量均以 1m 土层含水率计算。

水分利用效率的计算公式为

$$WUE_1 = GY/ET \tag{3.2}$$
$$WUE_2 = BY/ET \tag{3.3}$$

式中：WUE_1 为籽粒产量水分利用效率，kg/(hm^2·mm)；WUE_2 为生物产量水分利用效率，kg/(hm^2·mm)；GY 为玉米籽粒产量，kg/hm^2；BY 为玉米生物产量，kg/hm^2；ET 为作物耗水量，mm。

（5）试验结果分析。

1）不同生长阶段及不同程度缺水情景对玉米产量的影响。2018 年桶栽玉米在不同生长阶段及不同程度缺水情景下的产量如图 3.9 所示，由图 3.9 可知，玉米在苗期—拔节期发生轻度缺水对产量没有较大影响，但如果缺水程度较大，则会导致玉米减产至无水分胁迫情景产量的一半左右。在苗期发生缺水时，玉米植株生长缓慢，

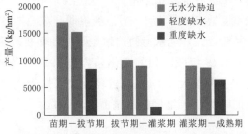

图 3.9 2018 年桶栽玉米在不同生长阶段及不同程度缺水情景下的产量

生育期显著延迟；叶片萎蔫、发黄，进行光合作用的绿叶面积减少；茎秆细小，即使后期雨水调和，形成粗壮茎秆孕育大穗的概率大大减小。而在拔节期—灌浆期发生缺水时，轻度缺水依旧不会影响产量，但重度缺水则明显影响了产量，这是因为拔节期—抽穗期发生干旱，会导致发育期明显缩短，促进玉米早熟。该时期玉米植株茎叶生长迅速，雌雄穗不断分化，是玉米需水的关键时期，干旱缺水阻碍玉米雌雄穗分化，使雌雄穗抽出时间间隔增加或不能抽出，雌雄穗发育不协调，致花期不遇，授粉不良，穗长变短、穗粒数和穗重明显降低，造成玉米穗小、稀粒、秃顶甚至空秆而最终导致严重减产。在玉米灌浆期—成熟期发生缺水时，轻度缺水依旧对产量影响较少，发生重度缺水时，对产量的影响高于轻度缺水情景但影响不严重，这是因为灌浆已经接近完成，因此对产量影响不大。

2）不同生长阶段及不同程度缺水情景对玉米株高的影响。在株高方面，2018 年和 2019 年的变化基本相似，总体趋势上，发生缺水时会导致株高略有降低，尤其在苗期—拔节期发生缺水时株高降低十分明显，拔节期—灌浆期重度缺水也对株高有一定影响但影响并不严重，灌浆期—成熟期株高趋于稳定，所受影响不大（图 3.10）。

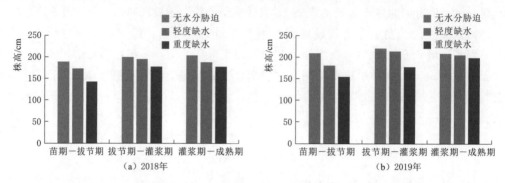

图 3.10　2018 年和 2019 年桶栽玉米在不同生长阶段及不同程度缺水情景下的株高

3）不同生长阶段及不同程度缺水情景对玉米叶面积的影响。2018 年和 2019 年桶栽玉米在不同生长阶段及不同程度缺水情景下的叶面积如图 3.11 所示。2018 年，玉米在苗期—拔节期受到水分胁迫时叶面积显著减少，这可能是由于干旱导致叶片萎蔫发黄，从而影响玉米的光合作用，同时影响干物质的累积，最终导致产量降低；无水分胁迫情景下的叶面积较重度缺水情景大 46.5％，较轻度缺水情景大 11.8％。拔节期—灌浆期在三种缺水情景下的叶面积相差不大，这主要是由于大多数叶片已经长成，无水分胁迫情景下的叶面积较重度缺水情景大 8.4％。灌浆期—成熟期叶片基本稳定，缺水可能会导致部分叶片灼伤甚至枯萎死亡，无水分胁迫情景下的叶面积较重度缺水情景大 18.9％，较轻度缺水大 6％。

2019 年叶面积的变化趋势与 2018 年基本一致，前期无水分胁迫情景下的叶面积较重度缺水情景大 28.4％，较轻度缺水情景大 23.6％。中期变化不大，后期无水分胁迫情景下的叶面积较重度缺水情景大 15.4％。

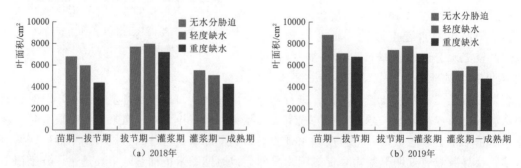

图 3.11　2018 年和 2019 年桶栽玉米在不同生长阶段及不同程度缺水情景下的叶面积

4）不同生长阶段及不同程度缺水情景对玉米根系生长的影响。从表 3.2 及图 3.12 不同水分条件对根系的影响关系可见，随着作物的生长，水分是否充足对根系的影响是变化的。例如拔节期，在无水分胁迫、轻度缺水、重度缺水情况下，根系的长度、表面积、平均直径、体积的测量值相差不是很大；而到了抽雄期、乳熟期、蜡熟期，几个指标的差异渐渐扩大。在拔节期—抽雄期，近地表茎基1~3节上发出一些较粗壮的根，称为支持根，入土后可吸收水分和养分，并具有强大的固定、支持作用，对玉米后期的增产作用很大。在水分充足条件下，拔节期以后根系发育较好，根数量增加较快，根系指标值均有明显增加趋势，乳熟期之后呈现平稳略有下降的趋势。

表 3.2　　　　　　　　不同程度缺水情景下作物不同生育期玉米根系测量数据

缺水情景	根系指标	测量日期			
		6月30日 （拔节期）	7月22日 （抽雄期）	9月2日 （乳熟期）	9月30日 （蜡熟期）
无水分胁迫	系长度/cm	8239.54	29509.34	48080.89	34142.60
轻度缺水		9164.20	34103.33	42399.83	25975.90
重度缺水		11324.74	19857.14	38599.88	17997.30
无水分胁迫	根系表面积/cm²	2458.38	10916.99	12231.11	8441.98
轻度缺水		3171.23	11909.56	11455.99	6296.52
重度缺水		3734.57	7708.63	12052.77	6694.60
无水分胁迫	根系平均直径/mm	0.82	1.09	0.75	0.72
轻度缺水		1.03	1.26	0.86	0.93
重度缺水		1.05	1.15	0.95	1.14
无水分胁迫	根体积/cm³	60.48	328.20	254.30	175.81
轻度缺水		92.07	348.22	250.17	142.48
重度缺水		112.34	250.20	309.07	197.54

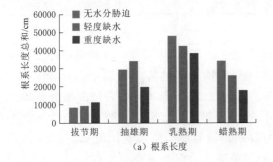

（a）根系长度

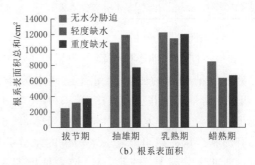

（b）根系表面积

图 3.12　不同程度缺水情景下作物不同生育期根系指标检测结果

3. 不同水平年玉米灌溉制度研究试验

（1）试验目的。研究在地膜下滴灌时，在各个生育期内玉米的需水量变化规律，探索玉米各生育期内的需水特点及其对缺水的响应。

（2）试验场地。试验场地选在辽宁省朝阳市建平灌溉试验站，试验现场如图3.13所示。

图 3.13　地膜下滴灌灌溉制度研究试验现场

（3）试验设计。试验选择的玉米品种为辽丹 1211，采用大垄双行种植，亩均种植密度为 4800 株，设置覆膜、不覆膜两种方式进行对比。在玉米的各生育期，灌水下限分别设置为田间持水量的 60%、70% 和 80% 三个水平。

本试验为玉米田间试验，对各生育期的灌水控制下限进行组合，采用正交试验设计，共设计 18 个情景，重复 3 次。以覆膜不灌溉（表 3.3 中 CK1）和不覆膜不灌溉（表 3.3 中 CK2）为对照。试验情景设计与编号详见表 3.3，其中 C1～C9 为覆膜条件下不同灌水下限情景，C10～C18 为不覆膜条件下不同灌水下限情景。

表 3.3　　　　　　　　　玉米滴灌多生育期灌溉下限组合试验设计

覆膜条件下不同灌水下限/%					不覆膜条件下不同灌水下限/%				
情景	苗期	拔节期	抽雄期	灌浆期	情景	苗期	拔节期	抽雄期	灌浆期
C1	70	70	70	70	C10	70	70	70	70
C2	80	80	60	80	C11	80	80	60	80
C3	60	60	80	60	C12	60	60	80	60
C4	70	70	60	60	C13	70	70	60	60
C5	80	80	80	60	C14	80	80	80	60
C6	60	60	70	80	C15	60	60	70	80
C7	70	70	80	80	C16	70	70	80	80
C8	80	80	80	80	C17	80	80	70	60
C9	60	60	60	70	C18	60	60	60	70
CK1	不灌溉				CK2	不灌溉			

（4）试验结果分析。

1）不同生育期不同灌溉下限情景下的玉米产量。由图 3.14 可知，在覆膜条件下，大部分水分情景下的玉米产量都比同水分条件但不覆膜的产量高。例如，C2、C5、C6、C7、C8 情景均可获得较高产量，其中 C5、C6、C7 情景在拔节期与灌浆期的水分都较为充足，在灌浆期的水分为各情景中最多，C6 情景在苗期与拔节期的滴灌水量较少，但并没有影响产量，说明影响玉米产量的水分关键时期是抽雄期与灌浆期，而 C2 与 C8 情景对比前期水分都十分充足，C2 情景抽雄期水分不是很多，但是有灌浆期的补充，产量不受影响，说明覆膜条件下，只要各生育期土壤水分保证在 60% 以上，产量基本不受影响。C8 情景在抽雄期水分充足，灌浆期水分略少，C4 情景下的产量低于对照组。而在不覆膜的条件下，C14 情景由于水分较为充足，产量最高。

由于 2018 年较为干旱，因此没有灌溉的对照组产量较低，覆膜条件下的产量整体高于不覆膜条件下的产量，C12 情景的产量较低，主要因为整个生育期灌溉水分都相对较少（图 3.15）。

2）玉米不同生育期不同灌溉下限情景下的土壤含水率。在土壤含水率方面，2017 年土壤含水率显著高于 2018 年，如图 3.16 所示。因为 2018 年较为干旱，因此在灌溉量不变的条件下蒸散量增加，导致土壤含水率减少，但实际观察的产量相差并不多。

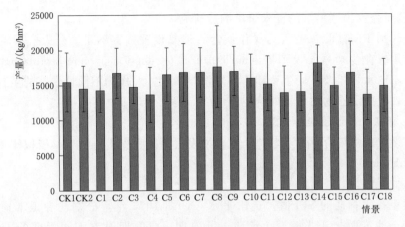

图 3.14　2017 年不同情景下的玉米产量

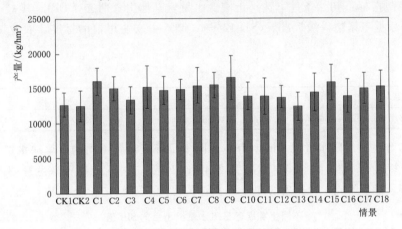

图 3.15　2018 年不同情景下的玉米产量

由 2017 年和 2018 年的覆膜条件对比可见，在水分充足的情况下，覆膜与不覆膜的产量差异不大，不覆膜时光照更加充足，产量更高。但在水分不充足的情况下，尤其在水分敏感的生育期缺水，覆膜会减少水分不足造成的产量损失。

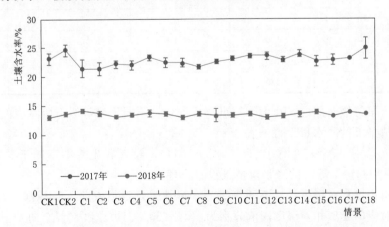

图 3.16　2017 年和 2018 年在不同情景下的土壤含水率变化曲线

3.1.1.2　基于作物模型模拟的玉米干旱响应研究

考虑到作物田间试验存在人为操作误差、情景设置方案不足、受天气影响较大等限制，本书利用农业生产系统模拟器（agricultural production system simulator，APSIM）模型，设置不同水平年及不同生育期作物缺水等情景，对作物不同情景下的生长及产量情况进行模拟，来揭示作物对干旱的响应。

1. 单生育期干旱情景模拟结果及分析

本书假设在正常年份背景下，单个生育期发生不同程度干旱情景，模拟作物受干旱缺水的影响情况。

（1）情景设置。

计算逐年各生育期的 SPI 值，选出平水年，即 1975 年，分别在春玉米播种前、苗期、拔节期—抽雄期、开花期—吐丝期、乳熟期—成熟期设置不同程度的干旱缺水情景。水分控制指标：初始条件下选择土壤含水量，其他生育期选择 SPI。其中，土壤含水量的控制是根据《旱情等级标准》（SL 424—2008）中农业旱情的标准，农业旱情阈值见表 3.4。

表 3.4　　　　　　　　　　农业旱情阈值表

旱情等级	轻度干旱	中度干旱	严重干旱	特大干旱
土壤相对湿度/%	$50<W\leqslant60$	$40<W\leqslant50$	$30<W\leqslant40$	$W\leqslant30$

将 1975 年的逐日降水量按不同生育期不同干旱等级设置不同的干旱缺水情景。SPI 值的干旱等级参考《气象干旱等级》（GB/T 20481—2017）。1975 年春玉米生育期内的降水量为 440.8mm，设置不同生育期内的逐日降水量不同干旱等级对应的 SPI 值，见表 3.5。

表 3.5　　　　　　　　不同生育期逐日降水量缩小后的 SPI 值

干旱等级	播种前土壤相对湿度/%	各生育期 SPI 情景设置			
		苗期 （5 月 1 日至 7 月 4 日）	拔节期—抽雄期 （7 月 5 日至 7 月 24 日）	开花期—吐丝期 （7 月 25 日至 8 月 22 日）	乳熟期—成熟期 （8 月 23 日至 9 月 20 日）
正常年	80	0.15	0.12	0.60	0.37
轻旱	60	−0.5	−0.5	−0.5	−0.5
中旱	50	−1.0	−1.0	−1.0	−1.0
重旱	40	−1.5	−1.5	−1.5	−1.5
特旱	30	−2.0	−2.0	−2.0	−2.0

以不同干旱等级对应的 SPI 值为标准，反向计算不同干旱等级下所对应的降水量，不同干旱缺水情景下的降水量设置见表 3.6。

根据《气象干旱等级》（GB/T 20481—2017），设置各生育期不同干旱等级对应的 SPI 值，使得不同干旱等级的降水量情景设置合理。

播种前用土壤相对湿度设置不同等级的干旱情景，根据农业干旱标准，轻旱、中旱、重旱和特旱对应的土壤相对湿度阈值分别为 60%、50%、40% 和 30%。初始土壤含水量表征前期影响降水量，本书假定初始相对土壤含水量为 80% 代表无旱情况，干旱缺水情景参数设置见表 3.7。分析各个时期的春玉米发生干旱胁迫后的响应，分别设置不同生育阶段不同干旱缺水情景，分析各干旱缺水情景对春玉米生长过程的影响，研究各生育期阶段的干旱缺水敏感性。

表 3.6　　　　　　　　　　不同生育期缩放比例下的降水量

干旱等级	播种前土壤相对湿度/%	各生育期不同降水量情景/mm			
		苗期（5月1日至7月4日）	拔节期—抽雄期（7月5日至7月24日）	开花期—吐丝期（7月25日至8月22日）	乳熟期—成熟期（8月23日至9月20日）
轻旱	60	102	47	90	32
中旱	50	84	31	67	21
重旱	40	66	18	47	13
特旱	30	51	10	31	7.5

表 3.7　　　　　　　　　　干旱缺水情景参数设置

情景编号	播种前土壤相对湿度/%	干旱胁迫情景（SPI值）				描　述
		苗期	拔节期—抽雄期	开花期—吐丝期	乳熟期—成熟期	
G	80	0.15	0.12	0.6	0.37	正常水分供应
G0_1	60	0.15	0.12	0.6	0.37	播种前轻度干旱
G0_2	50	0.15	0.12	0.6	0.37	播种前中度干旱
G0_3	40	0.15	0.12	0.6	0.37	播种前严重干旱
G0_4	30	0.15	0.12	0.6	0.37	播种前特大干旱
G1_1	80	−0.5	0.12	0.6	0.37	苗期轻度干旱
G1_2	80	−1.0	0.12	0.6	0.37	苗期中度干旱
G1_3	80	−1.5	0.12	0.6	0.37	苗期严重干旱
G1_4	80	−2.0	0.12	0.6	0.37	苗期特大干旱
G2_1	80	0.15	−0.5	0.6	0.37	拔节期—抽雄期轻度干旱
G2_2	80	0.15	−1.0	0.6	0.37	拔节期—抽雄期中度干旱
G2_3	80	0.15	−1.5	0.6	0.37	拔节期—抽雄期严重干旱
G2_4	80	0.15	−2.0	0.6	0.37	拔节期—抽雄期特大干旱
G3_1	80	0.15	0.12	−0.5	0.37	开花期—吐丝期轻度干旱
G3_2	80	0.15	0.12	−1.0	0.37	开花期—吐丝期中度干旱
G3_3	80	0.15	0.12	−1.5	0.37	开花期—吐丝期严重干旱
G3_4	80	0.15	0.12	−2.0	0.37	开花期—吐丝期特大干旱
G4_1	80	0.15	0.12	0.6	−0.5	乳熟期—成熟期轻度干旱
G4_2	80	0.15	0.12	0.6	−0.1	乳熟期—成熟期中度干旱
G4_3	80	0.15	0.12	0.6	−1.5	乳熟期—成熟期严重干旱
G4_4	80	0.15	0.12	0.6	−2.0	乳熟期—成熟期特大干旱

（2）结果分析。分析模拟得出的不同干旱缺水情景下作物生长过程中各指标的变化，研究不同生育期发生不同程度干旱对作物的影响情况。根据模型模拟不同方案的结果，分析玉米生育期、产量、生物量及株高的变化规律，以及水分亏缺对经济系数的影响。

1）不同生育期不同干旱程度对生育期的影响。从表 3.8 的结果可知，苗期受旱对玉米开花日期和收获日期有较明显的延后影响，受旱程度越严重，生育期延后越多。发生轻度、中度、严重和特大干旱时，开花日期分别延后 6d、17d、29d 和 33d，成熟日期可能延后 20～30d 左右。其余生育期内干旱的影响可忽略。

表 3.8　　　　　　　　　不同生育期不同程度干旱对生育期的影响

生育期	播种后出苗日/d					播种后开花日/d					播种后收获日/d				
	正常	轻度干旱	中度干旱	严重干旱	特大干旱	正常	轻度干旱	中度干旱	严重干旱	特大干旱	正常	轻度干旱	中度干旱	严重干旱	特大干旱
播种前		6	6	6	6		80	80	80	80		138	137	138	137
苗期		6	6	6	6		86	97	109	113		147	165	165	167
拔节期—抽雄期	6	6	6	6	6	80	80	80	80	80	138	138	138	138	138
开花期—吐丝期		6	6	6	6		80	80	80	80		138	138	138	138
乳熟期—成熟期		6	6	6	6		80	80	80	80		138	138	138	138

2）不同生育期不同干旱程度对产量的影响。在玉米播种前，依次将土壤相对湿度设置为轻度、中度、严重和特大干旱的不同情景中，产量生成的起始时间不变，但是从后期生长过程及最终产量看，产量一直受到播种前水分亏缺的影响，且干旱程度越严重，产量减少越明显，各生育期不同干旱程度情景下的产量如图 3.17 所示。苗期发生干旱对产量的影响主要体现在生育期延后，但是从最终产量看，在苗期发生轻度、中度干旱情况下，产量还有小幅度增加；但当苗期发生严重、特大干旱情况时，减产明显。拔节期—抽雄期发生干旱对生育期几乎无影响，产量开始产生的时间无变化，但是最终产量受缺水影响较大，减产明显，减产量是所有生育期因旱损失最严重的。开花期开始后几天，产量开始形成，当开花期—吐丝期发生干旱时，对产量的影响呈现旱情越严重、减产越大的趋势，不过减产比例比播种前、苗期、拔节期—抽雄期发生干旱的影响稍小。乳熟期—成熟期是玉米的最后生育期，由于该时期对水分要求较低，乳熟之后发生干旱，对玉米的产量基本无影响。

3）不同生育期不同干旱程度对生物量的影响。在播种前土壤含水量不足的情况下，对生物量的影响在时间上是滞后的，其影响在播种后的 60d 才开始显现，此时正是玉米明显长高的时期。在后期的生长中，呈现播种前干旱程度越严重、生物量减少越大的趋势，如图 3.18 所示。苗期发生干旱时，苗期的生物量就开始受到影响，主要体现在生物量形成时间的延后，最终生物量在轻度、中度干旱时减少不明显，而在严重、特大干旱时减少明显。拔节期—抽雄期发生干旱对生物量的影响，从发生干旱几天就开始显现，时间上滞后不太明显。对生物量数值的影响随着干旱程度的增加而增加，但增加幅度不明显，尤其是发生严重、特大干旱程度时，生物量几乎是一致的。在开花期—吐丝期，干旱发生后几

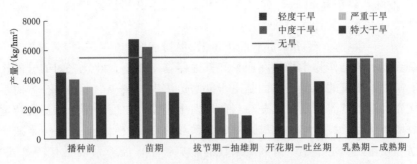

图 3.17　各生育期不同干旱程度情景下的产量

天，生物量开始随之变化，变化趋势与产量类似。而乳熟期—成熟期为生育期的后期，对水分需求不高，因此发生干旱对生物量的影响几乎可忽略。

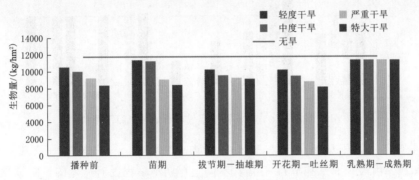

图 3.18　各生育期不同干旱程度情景下的生物量

4）不同生育期不同干旱程度对株高的影响。与生物量类似，播种前土壤缺水对株高的影响从玉米株高开始猛涨的时候开始明显。不同的是，在轻度、中度干旱情况下，水分亏缺对玉米最终株高的影响非常小，如图 3.19 所示。苗期干旱对玉米株高的影响也是明显滞后的，但并不是干旱程度越严重，株高越矮。拔节期—抽雄期发生干旱并持续几天后，株高就受到了影响，呈现先降低再升高的趋势，也就是后期玉米茎、叶猛长，生物量分配给产量的比例降低明显。开花期—吐丝期发生干旱时，株高比正常情况更早地到达最终值，即玉米停止生长，最终的株高小于正常株高。

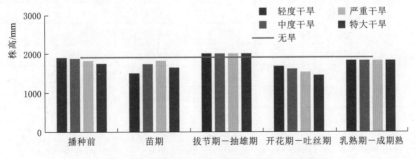

图 3.19　各生育期不同干旱程度情景下的株高

5）水分亏缺对经济系数的影响。经济系数是指作物的经济产量与生物产量的比例，一般以百分数来表示，其计算公式为

$$经济系数＝经济产量/生物量×100\% \tag{3.4}$$

经济系数表示的是作物生物量在产量和其他器官（如茎、叶）之间的分配比例。当播种前发生干旱时，产量的降低一方面是由于缺水造成生物量减少了，另一方面是茎、叶等其他部位优先占据了营养物质和水分。当苗期发生轻度、中度干旱时，最终产量增加主要是经济系数增加所致。拔节期—抽雄期对经济系数的影响较明显，这是玉米减产的主要原因。开花期—吐丝期发生干旱，对经济系数的影响很小，经济系数还有轻微增加的趋势。各生育期不同干旱程度情景下的经济系数变化如图 3.20 所示。

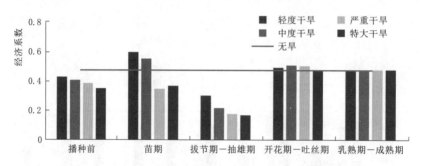

图 3.20　各生育期不同干旱程度情景下的经济系数

不同生育期不同干旱情景下春玉米的产量、生物量、株高最终值及其变化率见表 3.9～表 3.11。由表 3.9～表 3.11 可知，不同生育期干旱程度对产量的影响：拔节期—抽雄期＞播种前＞苗期＞开花期—吐丝期＞乳熟期—成熟期，其中在拔节期—抽雄期发生干旱对产量影响最大的结论与田间试验一致。不同生育期干旱程度对生物量的影响：开花期—吐丝期＞拔节期—抽雄期＞播种前＞苗期＞乳熟期—成熟期。不同生育期干旱程度对株高的影响：开花期—吐丝期＞苗期＞播种前＞乳熟期—成熟期＞拔节期—抽雄期。

表 3.9　　　　　　　不同生育期不同干旱情景下春玉米的产量最终值及其变化率

生　育　期		干旱情景				
		正常	轻度干旱	中度干旱	严重干旱	特大干旱
播种前	产量/(kg/hm²)	5529.6	4505.6	4055.5	3521.5	2952.8
	变化率/%	0	−18.52	−26.66	−36.32	−46.60
苗期	产量/(kg/hm²)	5529.6	6782.6	6226.3	3150.1	3096.2
	变化率/%	0	22.66	12.60	−43.03	−44.01
拔节期—抽雄期	产量/(kg/hm²)	5529.6	3068.9	2082.8	1634.3	1549
	变化率/%	0	−44.50	−62.33	−70.44	−71.99
开花期—吐丝期	产量/(kg/hm²)	5529.6	5027.9	4822.7	4443.8	3819.7
	变化率/%	0	−9.07	−12.78	−19.64	−30.92
乳熟期—成熟期	产量/(kg/hm²)	5529.6	5400.5	5396.6	5400.4	5400.4
	变化率/%	0	−2.33	−2.41	−2.34	−2.34

表 3.10　　　　　不同生育期不同干旱情景下春玉米的生物量最终值及其变化率

生 育 期		干旱情景				
		正常	轻度干旱	中度干旱	严重干旱	特大干旱
播种前	生物量/(kg/hm²)	11783.3	10614.2	10061.2	9290.3	8410.5
	变化率/%	0	−9.92	−14.61	−21.16	−28.62
苗期	生物量/(kg/hm²)	11783.3	11438.4	11330.9	9120.7	8484.7
	变化率/%	0	−2.93	−3.84	−22.60	−27.99
拔节期—抽雄期	生物量/(kg/hm²)	11783.3	10279	9619.5	9270.1	9171.3
	变化率/%	0	−12.77	−18.36	−21.33	−22.17
开花期—吐丝期	生物量/(kg/hm²)	11783.3	10237.7	9523.3	8829.5	8200.2
	变化率/%	0	−13.12	−19.18	−25.07	−30.41
乳熟期—成熟期	生物量/(kg/hm²)	11783.3	11425.4	11382.3	11363	11363
	变化率/%	0	−3.04	−3.40	−3.57	−3.57

表 3.11　　　　　不同生育期不同干旱情景下春玉米的株高最终值及其变化率

生 育 期		株高/mm				
		正常	轻度干旱	中度干旱	严重干旱	特大干旱
播种前	株高/mm	1898.43	1892.23	1878.45	1827.16	1753.18
	变化率/%	0	−0.33	−1.05	−3.75	−7.65
苗期	株高/mm	1898.43	1499.43	1740.101	1820.54	1644.40
	变化率/%	0	−21.02	−8.34	−4.10	−13.38
拔节期—抽雄期	株高/mm	1898.43	2000	2000	2000	2000
	变化率/%	0	5.35	5.35	5.35	5.35
开花期—吐丝期	株高/mm	1898.43	1685.64	1609.42	1523.50	1450.47
	变化率/%	0	−11.21	−15.22	−19.75	−23.60
乳熟期—成熟期	株高/mm	1898.43	1839.34	1832.01	1828.91	1828.91
	变化率/%	0	−3.11	−3.50	−3.66	−3.66

2. 多生育期干旱情景模拟结果及分析

研究区域处于辽西北干旱易发区，有可能发生长时间、影响多个生育期的干旱。因此，进一步设置不同生育期同时发生中度干旱的情景，研究多个生育期同时发生干旱对玉米的生长及产量的影响，干旱情景设置分别为任意两个生育期同时干旱、任意三个生育期同时干旱、四个生育期（整个生育期）同时干旱。并且对比单个及多个生育期干旱影响的叠加作用。多生育情景设置见表 3.12。

（1）任意两个生育期同时干旱的影响。

1）对生育期的影响。从表 3.13 不同生育期干旱组合对生育期的影响情况看，苗期干旱造成生育期延后的影响一直持续，并且当叠加其他生育期干旱时，这种影响会加重。其余生育期的组合情况，对生育期无影响。

表 3.12　　　　　　　　　　　　　　　多生育期干旱情景设置

组合情况	方案编号	播种前土壤相对湿度/%	干旱胁迫处理（SPI值）				描　　述
			苗期	拔节期—抽雄期	开花期—吐丝期	乳熟期—成熟期	
正常	G	80	0.15	0.12	0.6	0.37	正常水分供应
任意两个生育期组合	G01	50	−1.0	0.12	0.6	0.37	播种前＋苗期同时干旱
	G02	50	0.15	−1.0	0.6	0.37	播种前＋拔节期—抽雄期同时干旱
	G03	50	0.15	0.12	−1.0	0.37	播种前＋开花期—吐丝期同时干旱
	G12	80	−1.0	−1.0	0.6	0.37	苗期＋拔节期—抽雄期同时干旱
	G13	80	−1.0	0.12	−1.0	0.37	苗期＋开花期—吐丝期同时干旱
	G23	80	0.15	−1.0	−1.0	0.37	拔节期—吐丝期同时干旱
任意三个生育期组合	G012	50	−1.0	−1.0	0.6	0.37	播种前—抽雄期同时干旱
	G013	50	−1.0	0.12	−1.0	0.37	播种前＋苗期＋开花期—吐丝期同时干旱
	G023	50	0.15	−1.0	−1.0	0.37	播种前＋拔节期—吐丝期同时干旱
	G123	80	−1.0	−1.0	−1.0	0.37	苗期—吐丝期同时干旱
任意四个生育期组合	G0123	50	−1.0	−1.0	−1.0	0.37	播种前—吐丝期同时干旱

注　由于单生育期干旱缺水情景结果显示，乳熟期—成熟期缺水对春玉米生长影响很小，因此，在设置生育期组合情景时，没有考虑该生育期。

表 3.13　　　　　　　　　　两个生育期同时干旱对生育期的影响

干　旱　情　景	播种后出苗日/d	播种后开花日/d	播种后收获日/d
水分充足	6	80	138
播种前干旱	6	80	137
苗期干旱	6	97	165
拔节期—抽雄期干旱	6	80	138
开花期—吐丝期干旱	6	80	138
乳熟期—成熟期干旱	6	80	138
播种前＋苗期同时干旱	6	98	167
播种前＋拔节期—抽雄期同时干旱	6	80	137
播种前＋开花期—吐丝期同时干旱	6	80	137
苗期＋拔节期—抽雄期同时干旱	6	109	167
苗期＋开花期—吐丝期同时干旱	6	98	167
拔节期—抽雄期＋开花期—吐丝期同时干旱	6	79	138

2）对产量的影响。当两个生育期同时干旱时，对产量的影响是叠加的。由表 3.14 可知，两个生育期同时干旱时，减产比例并不是单个生育期减产比例之和，虽然有叠加作用，但是并没有表现出更重的结果，反而很多组合中，多个生育期干旱减产比单个生育期

的减产之和要少。其中，播种前—苗期同时发生干旱缺水时，由于长期连续受旱，减产是加重的；苗期和开花吐丝期同时发生干旱缺水时，减产比例达到40%。播种前和拔节抽雄期同时受旱及拔节抽雄期和开花吐丝期同时受旱两种组合情况下，减产最严重，分别达到80%以上以及接近70%。

表 3.14　　　　　　　　　单个生育期减产比例之和及任意两个生育期减产比例对比表

情　景	播种前+苗期	播种前+拔节期—抽雄期	播种前+开花期—吐丝期	苗期+拔节期—抽雄期	苗期+开花期—吐丝期	拔节期—抽雄期+开花期—吐丝期
任意两个生育期减产比例/%	−16.68	−85.94	−37.63	−30.24	−40.17	−68.86
单个生育期减产比例之和/%	−14.06	−88.99	−39.44	−49.73	−0.18	−75.12
影响对比	加重	减轻	减轻	减轻	加重	减轻

3）对生物量的影响。由表3.15可见，两个生育期同时干旱，对生物量的影响基本上等同于两个生育期单独受旱的影响的叠加，部分情景组合下有加重的现象。

表 3.15　　单个生育期生物量影响比例之和及任意两个生育期生物量影响比例对比表

情　景	播种前+苗期	播种前+拔节期—抽雄期	播种前+开花期—吐丝期	苗期+拔节期—抽雄期	苗期+开花期—吐丝期	拔节期—抽雄期+开花期—吐丝期
任意两个生育期生物量影响比例/%	−22.19	−32.67	−33.44	−24.37	−33.63	−39.23
单个生育期生物量影响比例之和/%	−18.45	−32.98	−33.79	−22.20	−23.02	−37.54
影响对比	加重	持平	持平	加重	加重	加重

4）对株高的影响。与生物量的影响类似，任意两个生育期同时干旱，对株高的影响基本上等同于两个生育期单独受旱的影响的叠加和加重（表3.16）。

表 3.16　　　　单个生育期株高影响比例之和及任意两个生育期株高影响比例对比表

情　景	播种前+苗期	播种前+拔节期—抽雄期	播种前+开花期—吐丝期	苗期+拔节期—抽雄期	苗期+开花期—吐丝期	拔节期—抽雄期+开花期—吐丝期
任意两个生育期株高影响比例/%	−17.03	5.35	−22.25	−14.43	−22.43	−9.67
单个生育期株高影响比例之和/%	−9.39	4.30	−16.28	−2.99	−23.56	−9.87
影响对比	加重	减轻	加重	加重	减轻	持平

5）对经济系数的影响。由表3.17可见，任意两个生育期同时干旱时，对经济系数的影响并不是单个生育期之和，有2种组合情况是降低了影响，3种组合有增大影响的作用。

综上分析得出的结论与单个生育期发生干旱缺水一致，播种期和拔节期是水分影响较大的生育期。

表 3.17　单个生育期经济系数影响比例之和及任意两个生育期经济系数影响比例对比

情　景	播种前＋苗期	播种前＋拔节期—抽雄期	播种前＋开花期—吐丝期	苗期＋拔节期—抽雄期	苗期＋开花期—吐丝期	拔节期—抽雄期＋开花期—吐丝期
任意两个生育期经济系数影响比例/%	7.08	−79.13	−6.29	−7.76	−9.85	−48.76
单个生育期经济系数影响比例之和/%	2.99	−67.97	−6.19	−36.77	25.01	−45.95
影响对比	减轻	加重	持平	减轻	加重	加重

（2）任意三个生育期同时干旱的影响。

1）对生育期的影响。由表 3.18 可见，由于苗期干旱使得生育期延迟，因此当任意三个生育期同时干旱时，由于有苗期的组合，生育期均有延迟，并且组合后该影响更加明显。

表 3.18　　　　　　　　　三个生育期同时干旱对生育期的影响

干　旱　情　景	播种后出苗日/d	播种后开花日/d	播种后收获日/d
正常	6	80	138
播种前干旱	6	80	137
苗期干旱	6	97	163
拔节期干旱	6	80	138
开花期干旱	6	80	138
播种前＋苗期＋拔节期同时干旱	6	108	167
播种前＋苗期＋开花期同时干旱	6	97	163
播种前＋拔节期＋开花期同时干旱	6	79	137
苗期＋拔节期＋开花期同时干旱	6	109	168

2）对产量的影响。由表 3.19 可见，三个生育期同时受旱的组合，作物减产都十分严重，其中播种期、拔节开花期同时受旱，减产近 90％；苗期—开花吐丝期长期受旱，减产也超过 80％。

表 3.19　　　　　　单个生育期减产比例之和及任意三个生育期减产比例对比表

情　景	播种前＋苗期＋拔节期—抽雄期	播种前＋苗期＋开花期—吐丝期	播种前＋拔节期—抽雄期＋开花期—吐丝期	苗期＋拔节期—抽雄期＋开花期—吐丝期
任意三个生育期减产比例/%	−58.43	−59.86	−89.32	−86.82
单个生育期减产比例之和/%	−76.39	−26.84	−101.78	−62.52
影响对比	减轻	加重	减轻	加重

3）对生物量的影响。三个生育期同时受旱的组合情况，对生物量的影响小于对产量的影响，具体见表 3.20。但是，播种期、拔节期—开花期同时受旱，苗期—开花期受旱，生物量减少都超过 50％。

4）对株高的影响。如表 3.21 所示，在三个生育期同时受旱情况下，对株高的影响均是叠加且加重的。

表 3.20   单个生育期生物量影响比例之和及任意三个生育期生物量影响比例对比表

情 景	播种前＋苗期＋拔节期—抽雄期	播种前＋苗期＋开花期—吐丝期	播种前＋拔节期—抽雄期＋开花期—吐丝期	苗期＋拔节期—抽雄期＋开花期—吐丝期
任意三个生育期生物量影响比例/%	−38.85	−49.17	−52.34	−54.61
单个生育期生物量影响比例之和/%	−36.82	−37.63	−52.16	−41.38
影响对比	加重	加重	持平	加重

表 3.21   单个生育期株高影响比例之和及任意三个生育期株高影响比例对比表

组 合	播种前＋苗期＋拔节期—抽雄期	播种前＋苗期＋开花期—吐丝期	播种前＋拔节期—抽雄期＋开花期—吐丝期	苗期＋拔节期—抽雄期＋开花期—吐丝期
任意三个生育期株高影响比例/%	−18.89	−34.87	−14.47	−26.06
单个生育期株高影响比例之和/%	−4.04	−24.62	−10.93	−10.93
影响对比	加重	加重	加重	加重

5）对经济系数的影响。由表 3.22 可见，三个生育期同时受旱时，对经济系数影响较大，也就是说长期受旱造成生物量降低，并且多以茎叶形式存在，导致经济产量非常低。

表 3.22   单个生育期经济系数影响比例之和及任意三个生育期经济系数影响比例对比表

组 合	播种前＋苗期＋拔节期—抽雄期	播种前＋苗期＋开花期—吐丝期	播种前＋拔节期—抽雄期＋开花期—吐丝期	苗期＋拔节期—抽雄期＋开花期—吐丝期
任意三个生育期经济系数影响比例/%	−32.03	−21.02	−77.59	−70.96
单个生育期经济系数影响比例之和/%	−50.87	10.90	−60.05	−28.85
影响对比	减轻	加重	加重	加重

（3）四个生育期同时干旱的影响。

由于乳熟期—成熟期是玉米生长的最后一个生育期，此时发生干旱对玉米的生长影响较小，因此选择乳熟期—成熟期之外的四个生育期同时发生干旱的情景，来代表整个生育期发生干旱的情景。

四个生育期同时干旱对作物生长的影响见表 3.23 和表 3.24，四个生育期持续发生中度干旱，对生育期的延后影响有加重现象，最终产量为 0，对生物量和株高的影响较单个生育期发生干旱均有叠加和加重效应。

表 3.23   四个生育期同时干旱对生育期的影响

干旱情景	出苗日/d	开花日/d	收获日/d
正常	6	80	138
播种前干旱	6	80	137
苗期干旱	6	97	165
拔节抽雄期干旱	6	80	138
开花吐丝期干旱	6	80	138
四个生育期同时干旱	6	108	绝收

表 3.24　　单个生育期指标变化比例之和及四个生育期指标变化比例对比表

组　合	产　量	生物量	株　高	经济系数
四个生育期指标变化比例/%	−100	−68.50	−41.14	−100
单个生育期指标变化之和/%	−89.18	−56.0	−19.27	−42.96
对比	加重	加重	加重	加重

3.1.1.3　试验与模拟两种研究形式下的结果对比分析

在春玉米缺水试验和缺水情景模拟两个研究中，对生育期干旱的情景设置略有不同。在试验研究中，控水条件设置无水分胁迫、轻度缺水、重度缺水3个水平；水分胁迫分设置在苗期—拔节期、拔节期—灌浆期、灌浆期—成熟期3个时期。在模型模拟研究中，水分亏缺条件分为充足、轻旱、中旱、重旱、特旱，生育期分成播种前、苗期、拔节期—抽雄期、开花期—吐丝期、乳熟期—成熟期。对比两种不同研究方式的结果如下。

1. 水分亏缺对生育期的影响

苗期发生水分亏缺时，会造成春玉米生育缓慢，生育期延长，两种方法结论一致。中期发生水分亏缺时，试验中春玉米会发生早熟，而模型模拟结果中，生育期没有明显变化。

2. 作物水分关键期的确定

两种方式研究结果都认为作物生育中期，即拔节期附近是春玉米水分最关键的时期；生育前期影响居中，生育后期影响最小。

3. 水分亏缺对株高、产量的影响

由于两种研究方法的不同，以及情景设置的水分亏缺程度不一样，对株高、产量的影响比例无法直接对比，但是从两种方法的结论可见，即使当水分亏缺十分严重时，对生物量的影响也是小于对产量的影响，这是由于生物量更多地分配给茎和叶，没有形成产量。

3.1.1.4　干旱期间春玉米灌溉建议

如果一个地区发生干旱缺水，应该在水资源有限的情况下，尽量保证作物生长关键期的用水，对于春玉米而言，本书提出以下几条灌溉建议：

（1）在春玉米播种前，土壤的底墒即初始含水量十分重要，其决定了玉米的出苗率，一旦发生严重缺水，其影响是不可恢复的。在辽宁等地区，播种前土壤底墒很重要，如果发生了春旱，导致含水量低于60%，那么有必要在播种前适量灌水保证适宜的墒情。

（2）春玉米的拔节期是对水分最敏感的时期，该时期缺水会引起较大程度的减产，因此如果拔节前降水较少，以辽宁为例，在拔节期的7月上中旬左右，需要灌溉补水。

（3）苗期、开花期、乳熟期可以有一定程度缺水。在苗期和开花期，春玉米对水分相对不敏感，在水源不充足的情况下，可适当缺水，将有限的水资源保留给拔节期。而乳熟期更加需要充足的阳光照射和较高的气温保障，因此乳熟期尽量不灌溉。

3.1.2　水稻对干旱缺水的响应机理

水稻在我国种植面积广，其中位于南岭以北和秦岭以南的华中单、双季稻稻作区为我国最大的水稻种植区，包括江苏省、上海市、浙江省、江西省、湖南省、湖北省、四川省7省（直辖市），以及安徽省的中南部、陕西省和河南省的南部地区。其中，江汉平原、洞庭湖平原、鄱阳湖平原、皖中平原、太湖平原和里下河平原等，是我国著名的稻米产区。早稻品种多为籼稻，中稻多为籼型杂交稻，连作晚稻和单季晚稻以粳稻为主。

3.1.2.1 基于作物生长模型模拟的水稻对干旱的响应研究

1. 模拟研究区域选择

本书选择双季稻和中稻混栽的湖南省衡阳市的晚稻生育期受旱作为研究对象，其生育期见表3.25。

表 3.25 衡阳市晚稻各生育期日期

生育期	苗床期	移栽期—返青期	分蘖期	拔节期—抽穗期	乳熟期—成熟期
日期	6月29日至 7月22日	7月23日至 7月30日	7月31日至 8月23日	8月24日至 9月27日	9月28日至 10月18日

2. 干旱缺水模拟情景设置

水稻生长所需水分较多，天然降水只能满足其中一部分水分供给，需要通过灌溉来满足其余大部分用水需求，因此干旱情景的控制指标与玉米有所不同。选择晚稻生长作为研究对象，在平水年——2005年的降水条件基础上，水分控制指标在苗床期选择土壤含水量，在水田期采用水田连续断水日数。以不同生育期不同旱情等级对应的土壤含水量及连续断水天数设置情景，其余生育期保证足够的墒情或水层深度。其中苗床期土壤含水量仍然按照《旱情等级标准》（SL 424—2008）中农业旱情等级对应的土壤含水量。

水田连续断水日数是表征水稻田水分缺乏程度的重要指标，能反映水稻受旱的状况，适用于稻作区水稻移栽期和本田期。《农业干旱等级》（GB/T 32136—2015）中水田连续断水日数的计算公式见式（3.5），阈值划分见表3.26。

$$D_{nw} = \sum_{i=1}^{n} a_i D_{nw_i} \tag{3.5}$$

式中：D_{nw} 为水田断水日数，d；a_i 为水稻发育期调节系数，晒田期和乳熟以后为0，水分临界期为3，其余时段为1；D_{nw_i} 为水田无水层的日数，d。

表 3.26 水田连续断水日数的农业干旱等级划分标准

干旱等级	连续断水日数/d		干旱等级	连续断水日数/d	
	南方	北方		南方	北方
无旱	<5	<5	重旱	13~18	17~22
轻旱	5~7	5~9	特旱	>18	>22
中旱	8~12	10~16			

为了使各情景具有可比性，并确定作物水分临界期，在模拟中设置连续断水5d、10d、15d和20d（生育期天数不足的取最大值）。衡阳市晚稻水分亏缺情景设置见表3.27。

3. 不同干旱情景模拟结果及分析

（1）对生育期的影响。与玉米受旱的生育期影响不同，水稻因旱断水情景对其生育期几乎无影响。

表 3.27   衡阳市晚稻水分亏缺情景设置

控制指标	苗床期	移栽期—返青期	分蘖期	拔节期—抽穗期	乳熟期—成熟期
	土壤相对含水率/%	水层深度/mm	水层深度/mm	水层深度/mm	水层深度/mm
G0	80	10～30	10～30	10～40	0～40
G0-1	60	10～30	10～30	10～40	0～40
G0-2	50	10～30	10～30	10～40	0～40
G0-3	40	10～30	10～30	10～40	0～40
G0-4	30	10～30	10～30	10～40	0～40
G1-1	80	断水 5d 后 10～30	10～30	10～40	0～40
G1-2	80	断水 8d	10～30	10～40	0～40
G2-1	80	10～30	断水 5d 后 10～30	10～40	0～40
G2-2	80	10～30	断水 10d 后 10～30	10～40	0～40
G2-3	80	10～30	断水 15d 后 10～30	10～40	0～40
G2-4	80	10～30	断水 20d 后 10～30	10～40	0～40
G3-1	80	10～30	10～30	断水 5d 后 10～40	0～40
G3-2	80	10～30	10～30	断水 10d 后 10～40	0～40
G3-3	80	10～30	10～30	断水 15d 后 10～40	0～40
G3-4	80	10～30	10～30	断水 20d 后 10～40	0～40
G4-1	80	10～30	10～30	10～40	断水 5d 后 0～40
G4-2	80	10～30	10～30	10～40	断水 10d 后 0～40
G4-3	80	10～30	10～30	10～40	断水 15d 后 0～40
G4-4	80	10～30	10～30	10～40	断水 20d 后 0～40

（2）对产量的影响。分析不同生育期因旱水层断水对产量的影响，模拟的最终产量结果如图 3.21 所示。

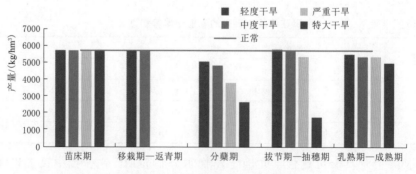

图 3.21　不同生育期缺水对产量的影响

苗床期，禾苗从播种到移栽前，生长不需要水层，与旱田近似，土壤相对含水率为40%～50%时，就能够保证禾苗的正常生长。因此，即便在土壤相对含水率属于轻度干旱的情况下，后期的天然降水基本上能够满足土壤水分的补给，秧苗的生长几乎不受影响，能够保证产量维持正常水平。移栽期—返青期的时间比较短，仅有不足 10d，此时处于 7 月下旬，气温较高，也不需要通过水层保温，移栽时只要保证土壤水分充足，该生育期内短时间断水，对水稻的生长影响也不明显，因此产量与正常情况相比，也没有明显的变化。分蘖期处于 7 月底至 8 月中下旬，此生长期时间较长，为生物量及产量的形成打下基础。在水稻种植最为广泛的长江中下游地区时常发生高温伏旱，断水对水稻的生长影响较大，尤其是当连续断水 20d 时，产量明显减少。拔节期—孕穗期—开花期—抽穗期，持续一个多月，跨越营养生长和生殖生长两个阶段，生物量和产量的积累也在这个时期，所以此阶段断水，对水稻生长影响也十分明显，尤其是当连续断水 20d 时，断水跨越了拔节期—孕穗期—开花期阶段，此时减产很大。乳熟期—成熟期是水稻生长的最后时期，对水分需求较小，尤其是最后几天还需要排水晒田，因此，这个时期的断水，对水稻的生长影响很小。

（3）对生物量的影响。模型模拟的生物量是地面以上所有有机物质的总和。生物量的多少也直接影响着最终产量，生物量积累得不好，产量也相应的不会很高。由图 3.22 不同生育期断水对生物量模拟结果来看，对生物量影响较大的生育期是分蘖期及拔节后，尤其是分蘖期断水时，新的分枝生长受到抑制，导致生物量明显减少。其他生育期断水影响均不是十分明显。

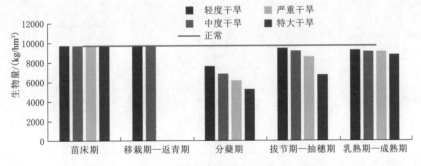

图 3.22　不同生育期缺水对生物量的影响

（4）对经济系数的影响。与产量及生物量类似，在分蘖期断水和拔节后断水对经济系数的影响较大，其中拔节后断水 20d 时，经济系数明显减少，严重影响产量，也就是在这个时期，生物量中大部分是茎和叶，而产量的比重降低了，不同生育期缺水对经济系数的影响如图 3.23 所示。

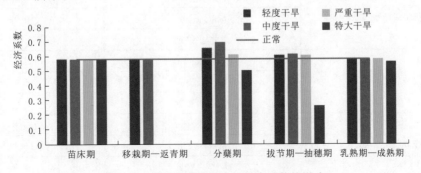

图 3.23　不同生育期缺水对经济系数的影响

（5）对最终指标值的影响。从表 3.28 可见，分蘖期及拔节期—孕穗期是水稻对水分最敏感的时期，此时断水对生长和后期产量的影响最大，断水时间越长，减产越大，如拔节后断水 20d，将减产近 70%。其次，分蘖后断水影响生物量较为明显，进而导致减产。其余生育期不是水分最敏感时期，且作物有一定的适应能力，因此断水影响较小。

表 3.28　　　　　　　　不同干旱情景下最终生物量、产量及经济系数的变化

情　景	指　标	变化比例/%
移栽后断水 5d	生物量/(kg/hm²)	−0.08
	产量/(kg/hm²)	−0.13
	产量/生物量	−0.04
移栽后断水 8d	生物量/(kg/hm²)	−0.08
	产量/(kg/hm²)	−0.13
	产量/生物量	−0.04
分蘖后断水 5d	生物量/(kg/hm²)	−22.11
	产量/(kg/hm²)	−11.82
	产量/生物量	13.22
分蘖后断水 10d	生物量/(kg/hm²)	−29.51
	产量/(kg/hm²)	−15.86
	产量/生物量	19.37
分蘖后断水 15d	生物量/(kg/hm²)	−36.35
	产量/(kg/hm²)	−33.49
	产量/生物量	4.50
分蘖后断水 20d	生物量/(kg/hm²)	−46.34
	产量/(kg/hm²)	−53.36
	产量/生物量	−13.08
拔节后断水 5d	生物量/(kg/hm²)	−3.01
	产量/(kg/hm²)	1.00
	产量/生物量	4.13
拔节后断水 10d	生物量/(kg/hm²)	−5.86
	产量/(kg/hm²)	−0.04
	产量/生物量	6.19
拔节后断水 15d	生物量/(kg/hm²)	−11.26
	产量/(kg/hm²)	−6.95
	产量/生物量	4.86
拔节后断水 20d	生物量/(kg/hm²)	−30.85
	产量/(kg/hm²)	−69.09
	产量/生物量	−55.30

情　　景	指　　标	变化比例/%
乳熟后断水 5d	生物量/(kg/hm^2)	−4.87
	产量/(kg/hm^2)	−4.28
	产量/生物量	0.62
乳熟后断水 10d	生物量/(kg/hm^2)	−6.44
	产量/(kg/hm^2)	−6.95
	产量/生物量	−0.55
乳熟后断水 15d	生物量/(kg/hm^2)	−6.44
	产量/(kg/hm^2)	−6.95
	产量/生物量	−0.55
乳熟后断水 20d	生物量/(kg/hm^2)	−9.97
	产量/(kg/hm^2)	−12.93
	产量/生物量	−3.29

3.1.2.2　干旱期间水稻灌溉建议

（1）水稻在苗床期对水分要求不高，保持土壤的适宜含水量，保证水稻出苗即可。

（2）分蘖期是水稻对水分较敏感的时期，对于长江中下游的晚稻来说，正值 7 月底、8 月上中旬，容易发生高温伏旱天气，一旦缺水，水稻减产会较严重，这时期应灌溉保障水田水层。

（3）水稻在其他生长阶段，对水分的要求相对较低，尤其是乳熟之后，可适当出现短时间的断水。

（4）建议水稻移栽后水层尽量不发生长时间断水，可适当降低水层深度来节约水量，一旦遭遇高温，应保证水层深度，起到降温作用。

3.2　城市供水系统对干旱的响应机理

城市是人口和经济活动较为集中的地区，在我国城镇化进程加快和气候变化的影响下，城市因旱缺水问题日益受到人们关注，成为干旱研究的重要领域。区别于农村干旱，城市干旱即城市区域发生的干旱缺水现象，具有发生概率低、损失率高的特点。根据历史旱灾记录调查统计，城市干旱现象多集中在水源单一、供水保障率较低的中小城镇，在多水源供水以及管网互联互通的大城市区域，干旱缺水发生频率较低。

城市干旱是指因遇枯水年造成城市供水水源不足，或者由于突发性事件使城市供水水源遭到破坏，导致城市实际供水能力低于正常需求，致使城市的生产、生活和生态环境受到影响。城市干旱的根源在于水资源供需失衡，而供需水量的变化受到气象、水文、人口、产业及水利工程等自然和人为活动的多种因素影响，且各要素间存在互馈耦合影响，使得城市干旱的形成和演变机理较为复杂。长期以来，我国城市干旱的防御形势多从干旱综合性指标（如缺水率）和指示性指标（如水库旱限水位）等方面，制定城市抗旱预案启动条件，定性分析城市干旱风险，多为城市干旱的现象表征或预警。然而对于城市因旱缺水损失响应关系、城市因旱损失定量评估方法的研究较少，难以开展城市干旱精细化管理和系统性防控。

城市因旱损失主要表现在居民生活质量降低、社会秩序遭到威胁、产业经济损失和生态环境破坏等方面。城市内不同类型用水户需水规律、单位用水效益不同，对干旱缺水的损失敏感性也不同，如干旱缺水对高耗水行业影响程度小于重点工业和居民生活。不同类型水源可供水量也存在差异，对于河道径流型水源，可供水量主要取决于河道水位流量；对于水库蓄水型水源，可供水量主要取决于前期蓄水状态和当前降水情况。各类产业用水与供水水源之间存在互馈影响作用，水源条件及配置规则对产业布局和发展起到约束作用，同时产业结构的调整需要水源配置方案作出相应改变和调整。在当前我国强化水资源承载能力刚性约束，以水定城、以水定产的背景下，水源-产业间互馈作用将不断加强，城市干旱致灾过程也将更加复杂，干旱强度和范围不仅受天然来水亏缺影响，也取决于供水工程、应急备用水源、水量水质调配和节水水平等人为因素。为了实现城市干旱缺水损失的定量评估，更好地服务于抗旱工作，亟须加强对城市因旱缺水风险孕育机理的研究，形成城市因旱损失风险动态评估技术，支撑城市干旱预警。

3.2.1　城市干旱形成过程

城市干旱的本质在于水量短缺或取水困难，当缺水或取水困难持续作用于城市生活、生产等各类用水户下，带来居民生活质量降低、企业减产和社会秩序遭到威胁等影响时，即产生致灾效果。

城市干旱的形成是自然因素和人为因素共同作用的结果，干旱致灾过程中，除受气象、水文等自然因素影响外，还取决于城市产业布局、水源配置方案、突发水污染事件等人为因素，且各因素间存在互馈作用关系，水源条件及配置规则对产业布局和发展起到约束作用，同时产业结构的调整需要水源配置方案作出相应的改变，城市干旱驱动过程示意如图 3.24 所示。在气候变化和人类活动影响加剧的背景下，城市干旱过程的演变规律将更加复杂化，城市因旱损失是多种复杂要素共同驱动下给经济社会带来的损失。

城市干旱及其损失是一个缓慢发展的过程，当前期来水不足时，由于可通过节水、应急供水等手段避免或减少损失，此时损失量较小，随着干旱的发展和缺水量的增加，缺水损失将快速增加，在极端干旱缺水情况下往往对居民生活和产业发展产生更大的影响。城市内不同类型产业和用水户对于干旱缺水的敏感性也不同，居民生活、重点工业干旱具有发生频率低、边际损失高的特点。

不同类型水源主要影响城市供水端的变化，对于水库蓄水型水源，由于水库的调蓄作用，可供水量与前期累积降水量密切相关，可采用如 3 个月尺度累积降水频率分析的方法，计算不同降水频率下的蓄水工程可供水量变化曲线；对于河道径流型水源，由于河道水位高低、流量大小能够直接决定可供水量，因此可通过水量平衡方法，将河道来水量扣除生态用水、下游正常需水后，结合工程提水能力，计算得到各时间尺度的河道可供水量变化曲线。

不同类型产业主要影响需水端的响应变化，火电等重点用水工业，由于关键用水环节

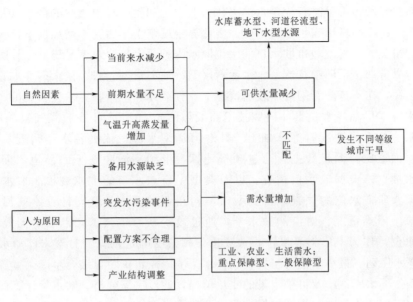

图 3.24 城市干旱驱动过程示意图

对供水保障要求等级高,轻度缺水即产生较为严重的损失;而第三产业、居民生活用水主要通过水厂供水,轻度缺水主要带来降压或分时供水,损失相对较小,中度以上干旱缺水时,损失将呈快速增长趋势;建筑业和一般工业用水,由于对供水需求保障相对较低,加之自身一定的节水潜力,轻度缺水主要表现为压缩非关键用水环节用水,此阶段因旱损失相对较低,随着干旱程度的加重,损失呈快速增长趋势。

根据上述城市干旱形成过程,绘制的水库蓄水型水源水位变化-干旱过程如图 3.25 所示,当处于旱限水位时,由于旱限水位考虑了各类取水口高程及生态需水位最高值基础上的一定幅度超高,对于城市干旱预警具有重要意义。随着水位的继续降低,各类取水口将发生不同程度的取水困难,初始发生缺水的水位,即为干旱临界水位;当给定特点干旱损失率作为灾害阈值时,其对应的水位可作为干旱致灾水位。

图 3.25 水库蓄水型水源水位变化-干旱过程示意图

3.2.2 城市水源干旱临界水位和流量研究

由 3.2.1 的城市干旱形成过程分析可知,当城市水源水位或流量降低到一定程度时,城市内的不同产业将逐步出现不同程度的缺水现象。为揭示不同类型水源条件下,城市干旱现象发生时的水源水位、流量情况,以及水位、流量变化对城市干旱缺水的影响,有必要对城市干旱临界水位和流量进行研究。

　　首先需要对城市干旱进行界定，本书认为对农业和生态环境用水的挤占以及抗旱投入的增加用水，也作为城市需水加以考虑。因此界定城市干旱为在不增加抗旱投入、不挤占其他用水的情况下，发生城市取水口的水位取水困难、水量取水不足现象。其次对城市水源类型进行界定，包括河道径流型、水库蓄水型、地下水型、联合供水型等水源。对于联合供水型水源，在不考虑管网互联互通情况下，分区计算干旱临界水位和流量。

　　城市水源干旱临界水位具体研究技术路线如图 3.26 所示。在收集气象、水文资料、取水口资料、社会经济资料等基础上，针对河道型水源，依据各水文站近几十年逐日水位数据、河道比降测量数据，通过频率计算，得到不同频率下的河道水面线，即供水端可供水数据；根据取水口核查，以及典型主要取水口的取水规模、取水口头部高程、正常取水所需水位的调查，得到城市不同产业的需水数据，计算不同河道水面线条件下的取水困难情况、对应的缺水量，通过设定缺水率阈值，点绘不同等级缺水率下的河道水位，作为干旱临界水位、致灾水位阈值的确定依据。针对水库型水源，依据水库上游来水序列、最小下泄流量资料、供水范围内需水资料，结合水库调度规则，得到不同来水条件下水库蓄水及可供水量的变化情况，通过供需分析、缺水量计算得到基于水量平衡的水库干旱临界水位；再依据水库水源的取水口高程分布和水库水位特征值，从水位角度计算取水困难水位，结合利用水量平衡原理得到的临界水位，综合得到水库水源干旱临界水位。

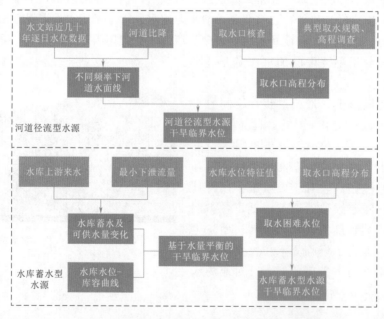

图 3.26　城市河道型及水库型水源干旱临界水位研究技术路线

1. 模型构建

建立城市水源干旱临界水位研究的计算公式：

$$Z_{dr}(x) = \max[Z_{水位}(x), Z_{流量}(x)] \tag{3.6}$$

式中：Z_{dr} 为干旱临界水位；x 为缺水率；$Z_{水位}(x)$ 为采用水位指标计算出的一定缺水率

下的河道水位；$Z_{流量}(x)$ 为采用流量指标计算出的一定缺水比例下的河道水位（采用水位-流量关系曲线，将河道流量转换为河道水位）。

本书依据因旱取水困难带来的实际缺水量比例，将干旱临界水位划分成无旱、轻旱、中旱、重旱和特旱五个等级，见表 3.29。

表 3.29　　　　　　　　　　　　干 旱 等 级 划 分 表

因旱缺水率 （采用水位、流量双指标）/%	干旱等级	河道水位
0	无旱	
5	轻旱	
10	中旱	干旱临界水位
15	重旱	
20	特旱	

基于水量平衡原理，依据不同来水频率下各月份的可供水量、正常需水量，得到各月份的缺水量（即可供水量与正常需水量的差值），进而得到缺水率，类似上述干旱临界水位的划分标准，依据缺水率得到不同干旱等级下的干旱临界流量。针对河道径流、水库蓄水两种水源类型，可供水量的计算采用不同的公式，河道径流型水源可供水量为扣除下游综合需水及河道生态需水后的上游来水，与工程取水能力两者取最小值；而对于水库蓄水型水源，可供水量计算采用由前期 3 个月标准化降水指数与水库可供水量的关系曲线（根据历史序列资料率定得到），依据前期降水量累积情况得到水库蓄水的可供水量。

综合水位、流量两类指示性指标，可构建城市干旱指数，为干旱识别提供基础。

$$Q_{ws} = \min(Q_c, Q_{in} - Q_{down} - Q_{en}) \tag{3.7}$$

$$W_{wr} = PC_p f_1(T) + \sum_i Y_i C_{yi} f_i(T) \tag{3.8}$$

$$CWSI_Q = \frac{Q_{ws} - W_{wr}}{W_{wr}} \tag{3.9}$$

$$CWSI_Z = -\frac{V_{ws}}{V_{al}} \tag{3.10}$$

$$CWSI = \min(CWSI_Q, CWSI_Z) \tag{3.11}$$

式中：Q_{ws} 为可供水量；Q_c 为工程需水能力；Q_{in} 为上游来水量；Q_{down} 为下游综合需水；Q_{en} 为河道生态需水；$CWSI$ 为城市干旱指数；$CWSI_Q$ 为基于水量指标（水量平衡原理）计算得到的缺水率；$CWSI_Z$ 为基于水位指标（取水口高程与河道水位的比较）计算得到的缺水率；V_{ws} 为发生取水困难取水口的缺水量；V_{al} 为取水口的正常总取水量。

2. 干旱临界水位和干旱临界流量计算结果

图 3.27 为湘江长沙-湘潭-株洲段的河道里程-水位关系图，当水面线处于临界干旱水位以下时，随着水位的不断降低，越来越多的取水口将发生取水困难。基于不同频率下河道水面线、取水口高程分布，得到河段干旱临界水位。以长株潭城市群为例，湘江干流长沙、湘潭、株洲三站的干旱临界水位分别为 26.67m、27.38m 和 30.29m。

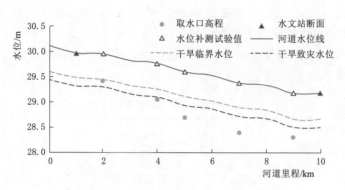

图 3.27　基于水位要素的干旱临界水位

对于干旱临界流量，基于水量平衡原理，利用上游来水量、区间和下游综合需水量、生态环境需水量，计算得到河段的干旱临界流量（图 3.28）。由图 3.28 可知干旱临界流量以下，来水量每减少 5%，区域缺水率增加约 3%，且呈边际递增效果。

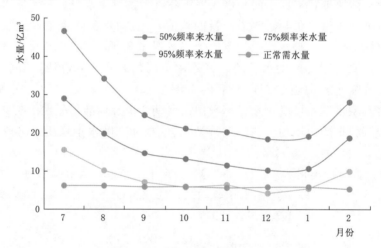

图 3.28　基于水量平衡的干旱临界流量示意图

不同干旱年份下同一月份城市因旱缺水指数如图 3.29 所示。

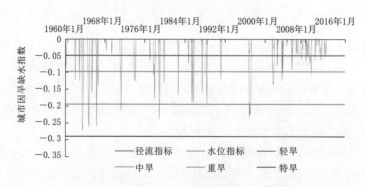

图 3.29　基于水位、流量指标的城市干旱指数

3.2.3 城市不同产业损失敏感性及灾变机理

由于城市各类产业的需水规律、用水保障程度、产业产值不同，在同等缺水条件下，各类产业因旱损失也存在较大差异，因此需要通过研究在特定干旱条件下的不同类型产业的损失差异，以揭示城市产业对干旱的响应机理，进而通过构建不同类型产业损失–干旱缺水间的函数关系，提出缺水量在不同类型产业间的最优配置方案。

城市不同产业因旱损失机理研究技术路线如图 3.30 所示。根据《全国抗旱规划》《旱情旱灾统计报表》等历史旱灾记录资料，以及城市水厂、工业、服务业等典型用水户因旱缺水调查资料，定性分析干旱缺水条件下各类产业的损失情况，以此总结各类产业的缺水–损失变化规律，为合理选择干旱缺水–干旱损失模型提供依据。

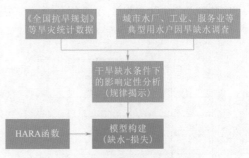

图 3.30　城市不同产业因旱损失
机理研究技术路线

为量化城市干旱缺水带来的产业损失值，构建用水效益函数 $U(W)$，以表达用水量与其经济效益间的关系。一般认为，效益函数应具有绝对效益随用水量递增、边际效益随用水量递减的特点。根据此特点，本书选择双曲型绝对风险厌恶（hyperbolic absolute risk auersion，HARA）函数作为模型的用水效益函数，HARA 函数是经济学领域广泛使用的效用函数，具有以下优点：①连续性，该函数在定义域内是可导的；②严格增的凹函数，满足单调递增以及边际效用递减。据此建立城市产业用水效益–用水量，以及缺水损失–缺水量的计算公式：

$$U(W_i) = \frac{1-\gamma}{\gamma}\left(\frac{\alpha W_i}{1-\gamma} + \beta\right)^{\gamma}, \gamma < 1, \beta \geqslant 0 \tag{3.12}$$

$$C(S_i) = P - \frac{1-\gamma}{\gamma}\left(\frac{\alpha(N_i - S_i)}{1-\gamma} + \beta\right)^{\gamma}, \gamma < 1, \beta \geqslant 0 \tag{3.13}$$

式中：α、β、γ 为参数，可通过调整参数取值表征不同的效益；W_i 为第 i 产业用水量；U 为用水效益；N_i 为第 i 产业正常需水量；S_i 为第 i 产业缺水量；C 为缺水损失；P 为正常需水量对应的总产值。

以长株潭城市群的湘江沿岸城镇带为例，湘江干流沿岸工业、水厂等取水口取水可靠性相对较高，仅在极端干旱条件下，对取水水量保证率有影响；然而如果扣减掉河道生态流量和下游综合需水量，则干旱对取水的影响将更加明显。

根据历史城市因旱损失记录资料，以及区域 GDP 数据，分析了 1990—2010 年城市因旱损失与 GDP 的变化，如图 3.31 所示。由图 3.31 可以看出，由于 GDP 基数的增加，城市干旱总损失值呈现年际增加趋势，即在同等干旱缺水条件下，由于暴露于干旱环境下的城市产业产值的增加，因旱损失值也会增加。

另外，根据干旱条件下的不同产业的损失统计资料，绘制了重点工业、一般工业、第三产业、居民生活等因旱损失率与缺水率的关系曲线，如图 3.32 所示。由图 3.32 可以看出，重点工业、一般工业、居民生活的缺水敏感性不同，其损失主要体现在经济、社会效益的降低，随着总缺水率的增加，各行业缺水率随之增加。其中，一般工业由于用水基数大、单位用水效益较低，且辅助生产和附属生产用水部分可适当压缩，同等缺水条件下其产业损失率最低，其次为居民生活和第三产业，重点工业产业损失率最高。

图 3.33 为长株潭城市群的湘江沿岸城镇带在典型干旱年份下，干旱缺水引起产业损失变化情况，可以看出，在空间分布上，因旱缺水率变化、产业损失变化具有一致性，长沙、湘潭、株洲 3 市的因旱缺水率、产业损失均显著高于周边县（市）。

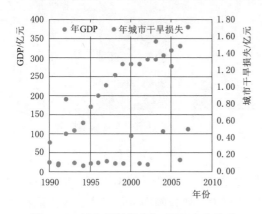

图 3.31　城市干旱损失与 GDP 变化关系

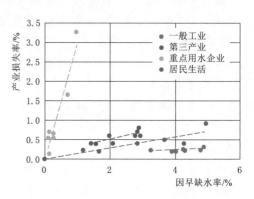

图 3.32　城市不同类型产业损失率与
因旱缺水率变化关系（基于统计资料）

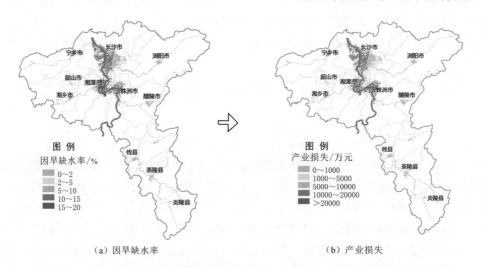

（a）因旱缺水率　　　　　　　　（b）产业损失

图 3.33　城市干旱缺水引起产业损失变化示意图

3.3　干旱条件下生态系统旱灾形成机理

3.3.1　干旱对生态系统的整体影响机制

水是生态系统维系和演替的决定因子之一。首先，干旱改变了流域/区域水循环过程，导致流域/区域来水量发生变化，减少了生态系统的水分收入；其次，来水量的减少必然造成生态系统存量水的减少，因而其水动力学特征和水文周期也会受到影响；最后，水是生态系统中最重要的非生物因子之一，水分条件的改变会严重影响生物的生存环境，综合表现在生态系统结构、功能和布局的改变上。而生态系统对干旱又具有一定的适应性，即在其耐受限度范围内，其受到的损伤是可恢复的[74-76]。干旱对生态系统的整体影响机制如图 3.34 所示。

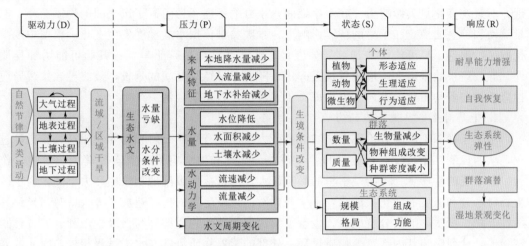

图 3.34 干旱对生态系统的整体影响机制

1. 干旱对生态系统规模的影响

相对于林草生态系统，湿地生态系统的规模对干旱的响应更为敏感，因为即使发生小幅度的降水量减少和蒸发量或蒸腾量变化，引发的地表水或地下水水位几厘米的变化就足以让湿地萎缩或扩张，或者将湿地转变为旱地，或从一种湿地类型转变为另一种湿地类型。湿地水域面积和水位随着干旱持续时间的增加而变化，最终反映到湿地规模上。在湿地分布面积线内，由外及内分别是淹没线以外湿地、淹没线、淹没线以内湿地和明水面水域。因此，淹没线的范围直接影响湿地适宜分布面积线的范围，决定了湿地规模的大小。水位下降和水域面积减少都会使淹没线退缩，湿地规模缩小[77]。

2. 干旱对生态系统结构的影响

植物是生态系统最为重要的因子之一。当生境因旱缺水时，植物气孔关闭，蒸腾作用减弱，并抑制光合作用的进行和蛋白质等有机物质的合成，影响植物的数量和质量；随着干旱的持续，植物过分失水出现萎蔫现象，甚至引起死亡。在这一过程中，一些植物失去适宜生态位，耐旱性较差的物种最早被淘汰，耐旱性较好的植物适应干旱的能力得到增强。因此，当植物密度、生物量和生长状况发生改变，表现为植物群落构成的变化。此外，对于湿地生态系统，极端低水位条件超过了水位波动的正常范围，对鱼类、两栖类等水生动物的生存、繁衍造成了影响。另外，干旱缺水会导致湿地水质变差，易发生水华，对鱼类等本地水生动物物种的生存造成了极大威胁。干旱，尤其是持续干旱，使无脊椎动物和鱼类的种群数量大量减少，并充分改变了生物群的聚集结构[78-80]。此外，植物群落结构的改变又会引发动物种群的变化。由于某些植物的死亡和群落特征的改变，以某种植物为食的动物就会受到影响，最终生态系统食物链和食物网都将受到影响，进而导致湿地的群落结构、营养结构遭到破坏。

3. 干旱对生态系统景观格局的影响

景观格局是生态系统植物、地形、地貌和水文等因素的宏观体现。生态系统沿着一定的地形梯度和水文梯度表现出特殊的纵向结构、横向结构和景观内部结构特征。不同形态的水流（蓝水流、绿水流）在景观中连接各斑块，在某些时候作为巨大的自然干扰力量出现，对景观变化最具影响力。在干旱期间，水分的不连续性阻碍了斑块间的物质循环、能量流动和信息交换；在干旱的持续影响下，景观类型依据水文梯度发生变化。根据中度干扰假说，偶遇干旱可能会增加其异质性；若遭遇严重的持续干旱，一开始可能增加异质性，导致斑块数量增多，形成景观破碎化；随着干旱持续时间的延长，最终导致景观异质性降低，向着均质化的方向发展，原有景观萎缩，直至景观消失[81]。

4. 干旱对生态系统功能的影响

水文条件深刻影响着生态系统初级生产力生产、有机质分解和营养物质迁移转化等过程，从而控制生态系统有机物的积累，对养分循环和养分有效性具有显著影响[82-85]。作为生态系统的生产者，植物受干旱的影响最大，可直接导致湿地初级生产力下降。由于微生物对水分和温度的变化很敏感，干旱条件对湿地微生物的生存造成了极大威胁，导致其活性下降，严重影响其分解能力。生态系统内部的营养物质循环与初级生产和分解过程紧密相连，从而影响其内部营养物质循环。外部的营养物质流常与水文过程相伴，因此营养物质的输出主要受水流输出的控制。在干旱期内，水流流量（蓝水流、绿水流）的减小，严重阻碍了生态系统内部的营养物质交换[86-87]。

3.3.2　典型湿地生态系统对来水条件的响应特征

3.3.2.1　鄱阳湖湿地概况

鄱阳湖位于江西省北部、长江中游南岸，是我国目前最大的淡水湖泊，承纳赣江、抚河、信江、饶河、修河等五大河及博阳河、漳田河、潼津河等小支流来水，经调蓄后由湖口注入长江，是一个过水型、吞吐型、季节性的湖泊。鄱阳湖水系呈辐射状，水域面积3960km²。2003 年以来，鄱阳湖发生连续干旱；加之受三峡工程运行的影响，长江中下游干流和鄱阳湖枯水期水位连创新低，低水位持续时间延长。干旱使湖泊水质劣化、草洲植物群落退化，水生生物和越冬候鸟大量减少，同时对城乡居民生活用水、农业生产、灌溉、航运、水产捕捞等经济社会发展产生了严重影响。

本书以鄱阳湖湿地为例，依据单位面积生态系统服务价值当量系数，结合鄱阳湖地区土地利用类型空间分布图，计算鄱阳湖地区生态系统服务功能价值；量化"来水量（Q）→水位（H）→湖面面积（S）→价值减少量（L）"之间的关系，构建来水量-损失响应关系曲线，揭示生态系统服务功能价值对来水量的响应关系，进而可根据湖泊入湖流量的变化来反演生态系统服务功能价值的减少量。

3.3.2.2　鄱阳湖湿地生态系统服务价值量化

湖泊湿地价值可用生态系统服务价值来定量表征。按照当量系数（以长江中下游地区为例），可换算得到单位面积下不同土地利用类型各类生态系统服务价值（表 3.30），对应的生态系统服务价值可按式（3.14）计算[88]。

$$ESV = \sum_{n}^{N} \sum_{m=1}^{M} VC_{mn} \times A_m \tag{3.14}$$

式中：ESV 为生态系统服务价值；VC_{mn} 为单位面积下土地利用类型 m 的第 n 项服务功能价值，元/km²；A_m 为土地利用类型 m 的面积，km²；n 和 m 分别生态系统服务功能类型数和土地利用类型数。

表 3.30　　　　　　　　　　单位面积生态系统服务价值　　　　　　单位：×10³ 元/km²

一级类型	二级类型	农田	林地	草地	水域		建设用地	未利用土地
					湿地	河流湖泊		
供给服务	食物生产	263.3	86.9	113.2	94.8	139.5	0.0	5.3
	原材料生产	102.7	784.5	94.8	63.2	92.1	0.0	10.5
调节服务	气体调节	189.5	1137.2	394.9	634.4	134.3	0.0	15.8
	气候调节	255.4	1071.4	410.7	3567.0	542.3	0.0	34.2
	水文调节	202.7	1076.7	400.1	3538.1	4941.2	0.0	18.4
	废物处理	365.9	452.8	347.5	3790.8	3909.3	0.0	68.4
支持服务	保持土壤	387.0	1058.3	589.7	523.9	107.9	0.0	44.8
	维系生物多样性	268.5	1187.3	492.3	971.4	902.9	0.0	105.3
文化服务	提供美学景观	44.8	547.6	229.0	1234.6	1168.8	0.0	63.2
合计		2079.8	7402.7	3072.2	14418.2	11938.3	0.0	365.9

本书以鄱阳湖地区为例，鄱阳湖生态系统服务价值时空变化特征如图 3.35 和图 3.36 所示。该地区调节服务价值最高，占总生态系统服务价值的 63% 以上，其次是支持服务价值，约占总服务价值量的 22%；供给服务价值和文化服务价值相对较小，分别约占 8% 和 7.5%。1990 年、1995 年、2000 年、2005 年、2010 年和 2015 年的生态系统服务价值分别为 134.65×10⁹ 元、134.17×10⁹ 元、134.69×10⁹ 元、130.98×10⁹ 元、133.85×10⁹ 元、132.21×10⁹ 元。1990—2015 年，生态系统服务价值总量下降 1.8%（2.44×10⁹ 元）。

3.3.2.3　来水条件对鄱阳湖湿地生态系统服务价值的影响

年来水量（"五河七口"年入湖水量）与年平均水位具有很好的相关性，满足 $y = 0.021x + 10.73$ 的函数关系。鄱阳湖入湖水量与年平均水位的关系如图 3.37 所示。

根据水位-库容曲线的计算方法，可得到鄱阳湖湖面积随湖区水位的变化关系，满足 $y = 0.0106x^4 - 0.6308x^3 + 13.414x^2 - 116.75x + 357.04$ 的函数关系。

利用皮尔逊Ⅲ型曲线对历年年均水位进行拟合，认为 50% 来水频率对应的水位为正常年份水位，即 $H = 13.20m$。根据图 3.38 中湖面面积与湖区水位的关系，可得到正常年份湖面面积 S 约为 2418.7km²。根据鄱阳湖湿地生态系统服务价值分析结果，湖面面积

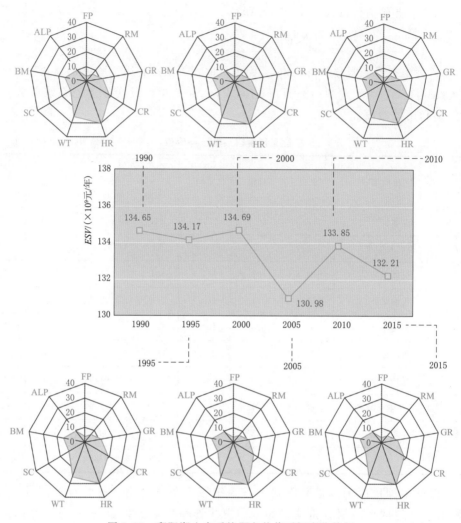

图 3.35 鄱阳湖生态系统服务价值时间变化特征

每减少 $1km^2$，生态系统服务价值减少 8.9×10^6 元（假定水域转为草地）。根据这一转化关系，并结合图 3.37 中鄱阳湖年入湖水量与年均水位之间的函数关系，可得到年入湖水量与生态服务价值减少量之间的函数关系（图 3.39），即 $\Delta L = 1.83 \times 10^4 Q^4 - 1.449 Q^3 + 1.69 \times 10^3 Q^2 + 1.05 \times 10^7 Q - 1.27 \times 10^{10}$，由此可知，入湖水量每减少 10%，生态系统服务功能价值减少 8.2%。

3.3.3 典型天然林草生态系统对水分的响应特征

3.3.3.1 长江上游地区概况

长江干流宜昌站以上为长江上游，长 4511 km，约占长江全长的 70%，其中，直门达至宜宾称金沙江，长 3464km；宜宾至宜昌河段习称川江，长 1040km。长江上游地区地理坐标为北纬 $24°27' \sim 35°45'$，东经 $90°32' \sim 111°27'$，地跨我国两大地形阶梯，总面积为 105.4 万 km^2，占全流域面积的 58.9%，位于长江上游的雅砻江、岷江、嘉陵江和乌

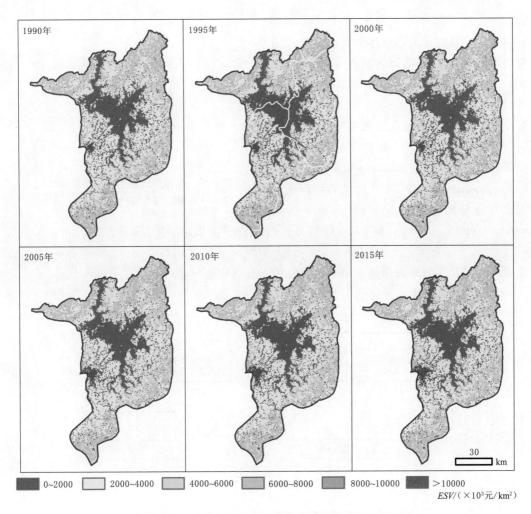

图 3.36 鄱阳湖生态系统服务价值空间变化特征

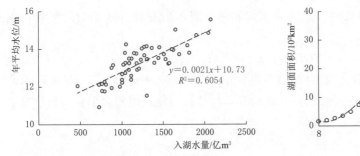

图 3.37 鄱阳湖年入湖水量与年平均
水位之间的函数关系

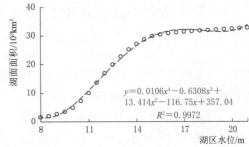

图 3.38 湖面面积与湖区水位的关系

江四大支流的汇流面积均超过 8 万 km²。该地区地形复杂，地势西高东低，在西部（高程超过 3000.00m）主要以草地为主，东部四川盆地的平原丘陵地带内以灌溉农田、灌木和阔叶林为主。多年平均降水量 1000mm 左右，地区差异性较大，总体上降水量自东南向西北递减；多年平均气温在 16~18℃之间，空间上也呈现出东南高、西北低的特点。

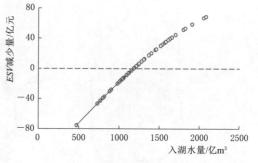

图 3.39　鄱阳湖湿地生态系统服务功能价值对来水量的响应关系

3.3.3.2　长江上游地区植被生产力估算

净初级生产力 NPP 估算模式总体框架如图 3.40 所示，CASA（carnegie - ames - stanford approach）模型中 NPP 的估算可以由植物的光合有效辐射（absorbed photosynthetic active radiation，APAR）和实际光能利用率 ε 两个因子来表示，其估算公式如下：

$$NPP(x,t) = APAR(x,t) \times \varepsilon(x,t) \tag{3.15}$$

式中：$APAR(x,t)$ 为像元 x 在 t 月吸收的光合有效辐射，$gC \cdot m^{-2} \cdot month^{-1}$；$\varepsilon(x,t)$ 为像元 x 在 t 月的实际光能利用率，$gC \cdot MJ^{-1}$。

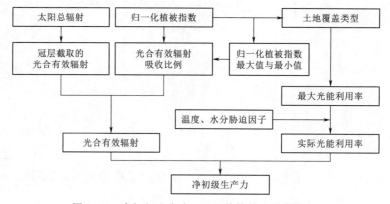

图 3.40　净初级生产力 NPP 估算模式总体框架

1. $APAR$ 的估算

$APAR$ 的值由植被所能吸收的太阳有效辐射和植被对入射光合有效辐射的吸收比例来确定。

$$APAR(x,t) = SOL(x,t) \times FPAR(x,t) \times 0.5 \tag{3.16}$$

式中：$SOL(x,t)$ 为 t 月在像元 x 处的太阳总辐射量，$gC \cdot m^{-2} \cdot month^{-1}$；$FPAR(x,t)$ 为植被层对入射光合有效辐射的吸收比例；常数 0.5 为植被所能利用的太阳有效辐射（波长为 $0.4~0.7\mu m$）占太阳总辐射的比例。

2. $FPAR$ 的估算

在一定范围内，$FPAR$ 与 $NDVI$ 之间存在着线性关系，这一关系可以根据某一植被类型 $NDVI$ 的最大值和最小值以及所对应的 $FPAR$ 最大值和最小值来确定。

$$FPAR(x,t) = \frac{NDVI(x,t) - NDVI_{i,\min}}{NDVI_{i,\max} - NDVI_{i,\min}} \times (FPAR_{\max} - FPAR_{\min}) + FPAR_{\min}$$

$$\tag{3.17}$$

式中：$NDVI_{i,\max}$ 和 $NDVI_{i,\min}$ 分别为第 i 种植被类型的 $NDVI$ 最大值和最小值。

$FPAR$ 与比值植被指数（simple ratio index，SR）也存在着较好的线性关系，可由以下公式表示：

$$FPAR(x,t) = \frac{SR(x,t) - SR_{i,\min}}{SR_{i,\max} - SR_{i,\min}} \times (FPAR_{\max} - FPAR_{\min}) + FPAR_{\min} \quad (3.18)$$

式中：$FPAR_{\min}$ 和 $FPAR_{\max}$ 的取值与植被类型无关，分别为 0.001 和 0.95；$SR_{i,\max}$ 和 $SR_{i,\min}$ 分别为第 i 种植被类型 $NDVI$ 的 95% 和 5% 下侧百分位数。

$SR(x, t)$ 由以下公式表示：

$$SR(x,t) = \frac{1 + NDVI(x,t)}{1 - NDVI(x,t)} \quad (3.19)$$

通过对 $FPAR\text{-}NDVI$ 和 $FPAR\text{-}SR$ 所估算结果的比较发现，由 $NDVI$ 所估算的 $FPAR$ 比实测值高，而由 SR 所估算的 $FPAR$ 则低于实测值，但其误差小于直接由 $NDVI$ 所估算的结果，因此可以将二者结合起来，取其加权平均值或平均值作为估算 $FPAR$ 的估算值：

$$FPAR(x,t) = \alpha FPAR_{NDVI} + (1-\alpha) FPAR_{SR} \quad (3.20)$$

式中：α 为调整参数。

3. 光能利用率的估算

光能利用率是在一定时期单位面积上生产的干物质中所包含的化学潜能与同一时间投射到该面积上的光合有效辐射能之比。环境因子如气温、土壤水分状况以及大气水汽压差等会通过影响植物的光合能力而调节植被的净初级生产力。光能利用率估算流程如图 3.41 所示。

$$\varepsilon(x,t) = T_{\varepsilon 1}(x,t) \times T_{\varepsilon 2}(x,t) \times W_{\varepsilon}(x,t) \times \varepsilon_{\max} \quad (3.21)$$

式中：$T_{\varepsilon 1}(x, t)$ 和 $T_{\varepsilon 2}(x, t)$ 为低温和高温对光能利用率的胁迫作用；$W_{\varepsilon}(x, t)$ 为水分胁迫影响系数，反映水分条件的影响；$\varepsilon_{\max}$ 为理想条件下的最大光能利用率，gC/MJ。

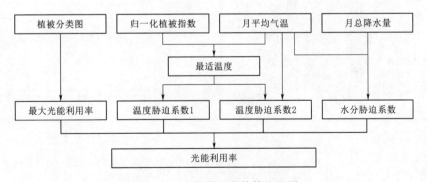

图 3.41 光能利用率估算流程图

4. 温度胁迫因子的估算

温度胁迫系数 $T_{\varepsilon 1}(x, t)$ 反映在低温和高温条件下植物内在的生化作用对光合作用的限制而降低第一性生产力。

$$T_{\varepsilon 2}(x, t) = 0.8 + 0.02\, T_{opt}(x) - 0.0005[T_{opt}(x)]^2 \tag{3.22}$$

式中：$T_{\varepsilon 2}(x, t)$ 为温度胁迫因子；$T_{opt}(x)$ 为植物生长的最适温度，定义为某一区域一年内 $NDVI$ 值达到最高时的当月平均气温，℃；当某一月平均温度小于或等于 -10℃ 时，其值取 0。

温度胁迫系数 $T_{\varepsilon 2}(x, t)$ 表示环境温度从最适温度 $T_{opt}(x)$ 向高温或低温变化时植物光能利用率逐渐变小的趋势，这是因为低温和高温条件下高的呼吸消耗必将会降低光能利用率，生长在偏离最适温度的条件下，其光能利用率也一定会降低。

$$T_{\varepsilon 2}(x,t)=1.184/\{1+\exp[0.2(T_{opt}(x)-10-T(x,t))]\}$$
$$\{1+\exp[0.3(-T_{opt}(x)-10+T(x, t))]\}^{-1} \tag{3.23}$$

当某一月平均温度 $T(x, t)$ 比最适温度 $T_{opt}(x)$ 高 10℃ 或低 13℃ 时，该月的 $T_{\varepsilon 2}(x, t)$ 值等于月平均温度 $T(x, t)$ 为最适温度 $T_{opt}(x)$ 时 $T_{\varepsilon 2}(x, t)$ 值的一半。

5. 水分胁迫因子的估算

水分胁迫影响系数 $W_{\varepsilon}(x, t)$ 反映了植物所能利用的有效水分条件对光能利用率的影响，随着环境中有效水分的增加，$W_{\varepsilon}(x, t)$ 逐渐增大，它的取值范围为 0.5（在极端干旱条件下）～1（非常湿润条件下）。

$$W_{\varepsilon}(x,t)=0.5+0.5EET(x,t)/EPT(x,t) \tag{3.24}$$

式中：EET 为区域实际蒸散量，mm；EPT 为区域潜在蒸散量，mm。

6. 最大光能利用率的确定

月最大光能利用率 ε_{max} 的取值因植被类型的不同而有所不同，在 CASA 模型中全球植被的最大光能利用率为 0.389gC $\cdot$ MJ^{-1}。

按照上述方式，可计算得到长江上游地区历年净初级生产力时序数据，如图 3.42 所示。

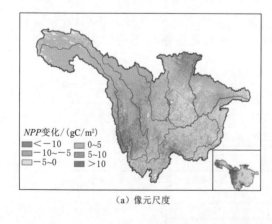

（a）像元尺度

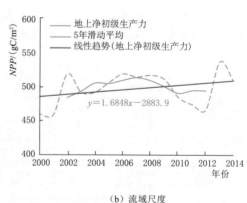

（b）流域尺度

图 3.42　长江上游地区净初级生产力变化

3.3.3.3　长江上游地区天然林草植被对降水条件的响应

1. 生态系统功能损失评价方法

降水利用率（rain-use efficiency，RUE）是指植被净初级生产力与降水量的比值。基于降水利用率与降水量的关系，从像元尺度评价长江上游地区生态系统功能损失。对于每个像元，假设生态系统的降水利用率 RUE 随着降水量的减少而逐渐增加到最大值 RUE_{max}，然后在缺水超过植物群落韧性时，随着降水量的增加而减少，两个协同变化的过程如图3.43所示。为了描述天然林草生态系统对降水（干旱）的响应，需确定 RUE_{max} 的取值，在本书中，即为研究时段内 RUE 的最大值，并以 RUE_{max} 对应的降水量作为阈值，认为在该阈值下，

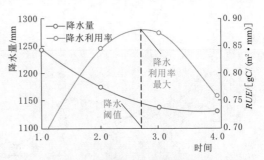

图3.43 降水利用率与降水量之间的关系示意图

随着降水量的进一步减少，生态系统功能可能由弹性形变转化为塑性形变。

利用上述阈值，将每个像元的 RUE 时序数据划分为两类，一类为降水量在阈值或阈值以上的正常年份的 RUE，另一类为降水量低于阈值（干旱年份）的 RUE。利用正常年份的数据，建立降水量和相应 RUE 的线性回归模型。将回归模型进一步扩展到干旱年份的数据，并以95%置信限进一步判别：如果干旱年份的数据点位于95%置信下限，则认为生态系统功能已经产生损失（图3.44）。

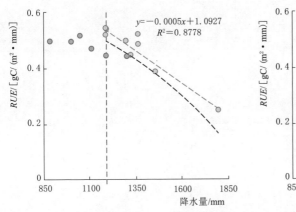
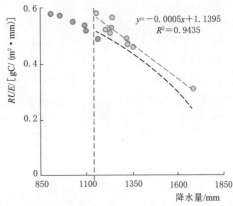

图3.44 判别因降水减少导致生态系统功能破坏的方式

2. 长江上游地区林草生态系统因旱致灾的降水阈值

利用上述方法可得到长江上游地区因旱致灾的降水阈值（图3.45）。从图3.45中可看出，对于整个长江上游地区，降水阈值的分布遵循纬向梯度。从低纬度到高纬度，从湿润区到干旱区，降水阈值逐渐减少。此外，降水阈值的空间分布格局在很大程度上取决于植被类型。在长江源区这类高寒高海拔地区，植被以高寒草地为主，降水阈值普遍在550mm以下，在金沙江中下游和成都平原地区，人工栽培植被较多，降水阈值普遍在550~700mm之间，而对于大渡河流域、乌江流域、嘉陵江流域，天然林草植被分布较广，降水阈值普遍在700mm以上。根据天然林地、灌木和草地的空间分布情况，并结合降水阈值空间分布图，经统计可知，长江上游地区，林地、灌木和草地因旱致灾的降水阈值分别为817.4mm、846.2mm和651.4mm。

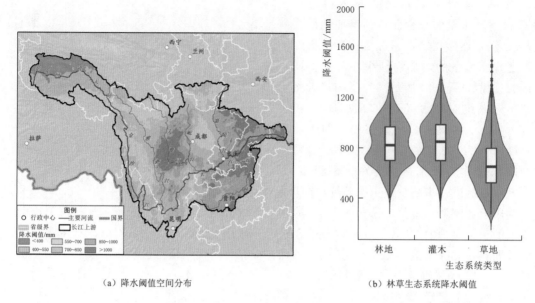

（a）降水阈值空间分布　　　　　　（b）林草生态系统降水阈值

图 3.45　长江上游地区因旱致灾的降水阈值空间分布及林草生态系统降水阈值

第 4 章

农业旱灾风险动态评估技术及应用

4.1 农业旱灾风险动态评估技术框架

4.1.1 总体技术方案

农业旱灾风险动态评估的关键是对未来气象条件的随机化。农业旱灾风险动态评估模型利用天气发生器对未来气象要素随机模拟，计算干旱演变的随机不确定性，以此来构建生育期内未来不同干旱演变情景，实现对未来干旱演变趋势的模拟，结合评估时刻之前的实测气象数据驱动作物模型模拟作物生长，评估作物产量因旱损失率。农业旱灾风险动态评估模型框架如图 4.1 所示。

为表征干旱演变的随机性，利用统计学中的随机方法，选用天气发生器随机模拟未来气象要素的大量样本，描述未来干旱演变的随机不确定性和趋势概率。气象数据在作物生育期内分为两部分，即评估时刻之前已知的实测气象数据和评估时刻之后天气发生器随机动态模拟的气象情景数据（图 4.2）。

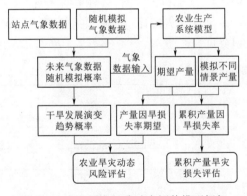

图 4.1 农业旱灾风险动态评估模型框架

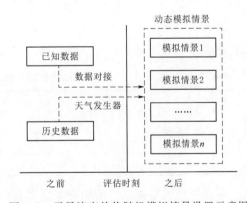

图 4.2 干旱演变趋势随机模拟情景设置示意图

在评估时刻之前，气象条件是已知的；评估时刻之后，气象条件是未知的，故采用随机模拟的方法获取。农业旱灾风险动态评估，主要是针对作物生育期内发生的干旱事件，研究干旱的发生对作物产量的可能影响及潜在损失，其中评估时段为作物整个生育期。该方法改进了情景假设法或典型年法样本数较少的问题，但也不能列举未来可能发生的全部情况，即风险是真实存在的，但不能计算真实风险，只能从大量未来模拟数据的角度计算概率风险。通过天气发生器对气象要素的随机模拟，刻画未来气象条件的随机变化过程。未来气象要素的大量样本反映了干旱演变的各种可能。在历史气象数据序列中，历史同期某种干旱演变可能性越大，该干旱演变情景样本数越多。例如，若某种干旱演变趋势在历史干旱事件中发生的可能性为 m，则在生成的 n 个样本中，符合该演变趋势的期望样本数为 $m \times n$，样本容量 n 越大，实际样本数越接近期望样本数，越符合历史序列中干旱的演变规律。每一种气象情景下对应干旱事件的趋势概率为

$$P_k = 1/n \tag{4.1}$$

式中：P_k 为预测情景 k 的概率；n 为样本数，n 越大，越能代表未来发生干旱情景的各种可能。

在作物生育期的不同阶段评估已发生的干旱对作物产量的累积影响，其中累积影响定义为评估时刻期望产量与作物生育期起始时刻期望产量相比的损失率，即整个生育期气象条件均为最适宜的情况下模拟的产量与评估时刻之后为最适宜气象条件下模拟的产量之差，即为目前已发生的干旱对作物产量的累积影响。

$$\mu_t = \frac{Y_m^1 - Y_m^t}{Y_m^1} \tag{4.2}$$

式中：μ_t 为评估时刻 t 的产量因旱损失率，反映评估时刻之前干旱对作物产量的累积影响，%；Y_m^1 和 Y_m^t 为分别为作物生育期起始时刻和当前评估时刻 t 的期望产量，kg/hm^2。

由于大部分地区的作物种植一般具有多样化的特点，因而需要根据地区种植类型，以种植面积为依据赋予各作物产量因旱损失率权重，计算地区综合农业旱灾风险，即

$$\mu = \sum_{i=1}^n \omega_i \mu_i \tag{4.3}$$

式中：ω_i 为第 i 种作物种植面积占耕地面积的比例，%；μ_i 为第 i 种作物产量因旱损失率，%。

参考《水旱灾害防御统计调查制度（试行）》旱情旱灾统计口径中受灾面积、成灾面积及绝收面积等的定义，产量因旱损失率等级划分见表 4.1。

表 4.1 　　　　　　　　　　　　**产量因旱损失率等级划分表**

产量因旱损失率等级	指标阈值	产量因旱损失率等级	指标阈值
V	$0 \leqslant \mu_t < 10\%$	II	$50\% \leqslant \mu_t < 70\%$
IV	$10\% \leqslant \mu_t < 30\%$	I	$70\% \leqslant \mu_t$
III	$30\% \leqslant \mu_t < 50\%$		

利用产量因旱损失率的期望评估农业旱灾风险：

$$R_k = P_k L_{loss}^k \tag{4.4}$$

$$R = \sum_{k=1}^{k=n} P_k L_{loss}^k = \frac{1}{n} \sum_{k=1}^{k=n} \omega_i L_{loss}^k = \frac{1}{n} \sum \omega_i \left(\sum_{k=1}^{k=n} \frac{Y_m^t - Y_k^t}{Y_m^t} \right) \tag{4.5}$$

式中：R 为评估时刻的农业旱灾风险，即产量因旱损失率的期望；R_k 为第 k 种气象模拟情景下的农业旱灾风险；P_k 为在第 k 种气象模拟结果概率；L_{loss}^k 为第 k 种气象模拟情景下的单个作物产量因旱损失率；n 为模拟生成的未来逐日气象数据样本数；Y_m^t 为评估时

刻各模拟气象情景下的产量最大值；Y_k^t 为评估时刻 k 情景下的产量模拟值。

农业旱灾风险等级划分见表 4.2。

表 4.2　　　　　　　　　　　　　农业旱灾风险等级划分表

农业旱灾风险等级	指标阈值	农业旱灾风险等级	指标阈值
V	$0 \leqslant R < 0.1$	II	$0.3 \leqslant R < 0.4$
IV	$0.1 \leqslant R < 0.2$	I	$0.4 \leqslant R$
III	$0.2 \leqslant R < 0.3$		

农业旱灾风险动态评估是灾中降低作物旱灾损失的重要途径，其评估结果一方面可以为实时掌握当前旱情以及旱灾风险的演变规律提供依据，另一方面可以指导采取科学的应急抗旱措施减少旱灾影响，同时避免过度抗旱造成的成本增加和水资源浪费。

4.1.2　关键技术环节

4.1.2.1　气象要素随机模拟

气象要素是影响干旱发生发展的主要因素之一，其受到地球物理变化、大气与下垫面状态变化以及人类活动等多种因素影响，具有复杂性和多样性。各种因素的综合影响导致了气象条件的不确定性，尤其是未来长期气象条件的不确定性决定了干旱发展演变的不确定性和随机性。干旱演变缓慢，中长期气象数值预报存在精度差、不能完全反映干旱演变的随机动态变化等问题，将其用于干旱演变趋势预报几乎不可能实现，未来气象要素的随机模拟成为未来干旱演变趋势随机不确定性描述的重点。本章采用天气发生器实现对气象要素的随机模拟，利用建立的农业旱灾风险动态评估模型模拟未来气象要素情景，并计算不同模拟情景下的概率。

1. 气象要素随机模拟方法

选择天气发生器实现对未来气象要素的随机模拟，天气发生器是根据区域历史长序列气象数据，分析历史数据的统计特征，计算各气象要素的统计参数，进而模拟该地区未来的各气象要素。其假设未来气象要素与历史气象要素服从统一概率分布，即气象要素为平稳的马尔科夫变量，具有稳定性和一致性。目前的研究利用天气发生器主要解决以下问题：一是解决研究区气象数据站点少、序列短的问题；二是模拟未来气象要素，可用于气象数值模拟预报等。天气发生器一开始应用于水文领域，发展到目前已广泛应用于气候变化、极端天气事件、农业作物模型、水资源及土地资源管理模型等领域；也从开始只模拟降水的气象单要素模拟，发展到目前模拟多个气象要素。天气发生器模拟的气象要素主要包括降水、最低气温、最高气温、太阳辐射、日照时数、相对湿度以及露点温度等。

天气发生器对气象要素的模拟首先是逐日降水的模拟，其他气象要素（非降水要素）的模拟则是基于降水的模拟。天气发生器对降水的模拟分为两阶段，第一阶段模拟降水事件是否发生；第二阶段模拟降水量，如果没有降水，则降水量为 0，如果有降水，则根据历史同期降水分布，随机模拟降水量大小。其中，采用两状态一阶、二阶的马尔科夫链或者湿日连续天数的半径经验分布模型模拟是否发生降水；降水量模拟是假设历史同期降水服从某一分布，目前已有的天气发生器假设同期降水服从的概率分布主要包括偏正态分布、指数分布、Gamma 分布、半经验分布以及多参数模型等。以上为降水量参数估计方法，也有天气发生器采用无参数估计的方法，如根据当前气象数据的相似性，从历史气象数据中重采样的方法。目前常用的天气发生器包括 CLIGEN（climate generator），WGEN（weather generator），LARS-WG（long ashton research station weather generator）等[89-92]。

本书选择适用于我国气象站点的 BCC/RCG-WG 天气发生器，实现对研究区未来气象要素的随机模拟。由于我国降水时间分布的季节性特点，该天气发生器将我国气象要素分为不同时段独立模拟，根据历史气象要素统计参数模拟得到未来气象要素的大量样本。BCC/RCG-WG 天气发生器在我国气象要素模拟中得到了较好的应用。如廖要明等[92]利用 BCC/RCG-WG 天气发生器模拟我国 672 个站点 1951—2007 年的气象要素资料，结果很好地呈现了我国不同时段降水以及非降水气象要素模拟的分布特征。

2. 逐日降水量随机模拟

天气发生器对气象要素的模拟中，降水的模拟是最重要的。BCC/RCG-WG 天气发生器采用两状态一阶的马尔科夫链模拟逐日是否有降水[93]。若某日有降水（湿日）用 W 表示，无降水（干日）用 D 表示，则

$$P_{WW} = \rho \tag{4.6}$$

$$P_{WD} = 1 - \rho \tag{4.7}$$

$$P_{DD} = \delta \tag{4.8}$$

$$P_{DW} = 1 - \delta \tag{4.9}$$

式中：P_{WW} 为湿日到湿日之间的转换概率；P_{WD} 为湿日到干日之间的转换概率；P_{DW} 为干日到湿日之间的转换概率；P_{DD} 为干日到干日之间的转换概率；以上参数均无单位。

由于马尔科夫链的无后效性，有无降水只与前一天的干湿状态有关，而与其他日降水无关。利用式（4.6）～式（4.9）分别计算各站点划分的不同时段四类转换事件发生的概率。在干日、湿日模拟的基础上，模拟逐日降水量大小。BCC/RCG-WG 天气发生器假设降水量服从两变量的 Gamma 分布，即当湿日（降水量大于 0）时，其降水量分布为

$$f(x) = \frac{1}{\beta^{\gamma} \Gamma(\alpha)} x^{\alpha-1} e^{-x/\beta} (x > 0) \tag{4.10}$$

式中：α 和 β 为 Gamma 分布的两个形式参数。

α、β 可由下式计算：

$$\begin{cases} \alpha = \dfrac{4}{C_s^2} \\ \beta = \dfrac{\sigma}{\sqrt{\alpha}} \end{cases} \tag{4.11}$$

式中：C_s 为逐日湿日降水序列的变差系数；σ 为逐日湿日降水系列的标准差。

每个时段四类干湿日之间的相互转化事件发生概率的计算以及 Gamma 函数中 α、β 两个参数的计算是逐日降水模拟的关键。

3. 非降水要素逐日随机模拟

BCC/RCG-WG 天气发生器对非降水要素的模拟主要包括逐日的最高气温、最低

气温、相对湿度、日照时数以及平均风速等 5 个气象要素[93]。非降水要素的模拟一般根据是否有降水分为两种情况。模拟的主要参数包括气象要素平均值、标准差和标准化残差等。

非降水要素的模拟可用以下公式：

$$V_{p,i}(j) = M_i(j) + x_{p,i}(j)\sigma_i(j) \tag{4.12}$$

式中：i 为日序；$j = 1$，2，3，4，5 分别代表 5 个非降水参数（下同）；$V_{p,i}(j)$ 表示第 p 年第 i 日 j 变量的模拟值；$M_i(j)$、$\sigma_i(j)$ 分别为第 i 日 j 变量的平均值和标准差；$x_{p,i}(j)$ 表示第 p 年第 i 日 j 变量的标准化残差。

非降水要素模拟的逐日平均值和标准差的计算利用谐波分析，即分干日和湿日两种情况，利用傅里叶级数展开。干日和湿日非降水参数平均值的展开式为

$$M_i^0(j) = \overline{M}^0(j) + \sum_{k=1}^{6} C_k^0(j) \cos\left\{\frac{360}{365}\left[ki - T_k^0(j)\right]\right\} \tag{4.13}$$

$$M_i^1(j) = \overline{M}^1(j) + \sum_{k=1}^{6} C_k^1(j) \cos\left\{\frac{360}{365}\left[ki - T_k^1(j)\right]\right\} \tag{4.14}$$

式中：k 为谐波分析的波数；$M_i^0(j)$、$M_i^1(j)$ 分别为第 i 日干、湿情况下变量 j 的平均值；$\overline{M}^0(j)$、$C_k^0(j)$、$T_k^0(j)$ 和 $\overline{M}^1(j)$、$C_k^1(j)$、$T_k^1(j)$ 分别为有降水和无降水时，变量 j 的傅里叶展开系数。

在模拟干日和湿日非降水参数标准化残差时应进行时间序列标准化处理，即利用式（4.15）去除时间的周期性和标准差。

$$\begin{cases} \chi_{p,i}(j) = \dfrac{X_{p,i}(j) - M_i^0(j)}{\sigma_i^0(j)} & \text{干日} \\[3mm] \chi_{p,i}(j) = \dfrac{X_{p,i}(j) - M_i^1(j)}{\sigma_i^1(j)} & \text{湿日} \end{cases} \tag{4.15}$$

式中：$\chi_{p,i}(j)$ 为第 p 年第 i 日 j 变量的残差；$M_i^0(j)$、$\sigma_i^0(j)$ 分别为干日变量 j 的平均值和标准差；$M_i^1(j)$、$\sigma_i^1(j)$ 分别为湿日变量 j 的平均值和标准差；$X_{p,i}(j)$ 为第 p 年第 i 日 j 变量的实测值。

将实测的最高气温、最低气温、相对湿度、日照时数及平均风速等时间序列标准化处理后，其均值均为 0，标准差均为 1。模型对于逐日残差的模拟采用 Matalas 提出的公式：

$$\boldsymbol{\chi}_{p,i}(j) = \boldsymbol{A}\boldsymbol{\chi}_{p,i-1}(j) + \boldsymbol{B}\boldsymbol{\varepsilon}_{p,i}(j) \tag{4.16}$$

式中：$\boldsymbol{\chi}_{p,i}(j)$ 和 $\boldsymbol{\chi}_{p,i-1}(j)$ 分别为变量 j 在 p 年第 i 日和第 $i-1$ 日的模拟残差，为 5×1 的矩阵；$\boldsymbol{\varepsilon}_{p,i}(j)$ 为随机的标准正太分布，其均值为 0，方差为 1，也是 5×1 的矩阵；$\boldsymbol{A}$、$\boldsymbol{B}$ 为由相关系数矩阵以及自相关系数矩阵定义的 5×5 的系数矩阵。

最高气温、最低气温、相对湿度、日照时数及平均风速等 5 个气象要素之间存在着相关关系，各气象要素本身也存在着自相关关系。$\boldsymbol{A}$、$\boldsymbol{B}$ 由不同状态的相关系数定义为

$$\boldsymbol{A} = \boldsymbol{M}_1 \boldsymbol{M}_0^{-1}$$

$$\boldsymbol{B}\boldsymbol{B}^{\mathrm{T}} = \boldsymbol{M}_0 - \boldsymbol{M}_1 \boldsymbol{M}_0^{-1} \boldsymbol{M}_1^{\mathrm{T}} \tag{4.17}$$

式中：-1 和 T 分别为矩阵的逆和矩阵的转置；$\boldsymbol{M}_0$、$\boldsymbol{M}_1$ 分别为延迟 0 天的变量序列以及延迟 1 天后的相关系数矩阵。

$$\boldsymbol{M}_0 = \begin{bmatrix} 1 & \rho_0(1,2) & \rho_0(1,3) & \rho_0(1,4) & \rho_0(1,5) \\ \rho_0(2,1) & 1 & \rho_0(2,3) & \rho_0(2,4) & \rho_0(2,5) \\ \rho_0(3,1) & \rho_0(3,2) & 1 & \rho_0(3,4) & \rho_0(3,5) \\ \rho_0(4,1) & \rho_0(4,2) & \rho_0(4,3) & 1 & \rho_0(4,5) \\ \rho_0(5,1) & \rho_0(5,2) & \rho_0(5,3) & \rho_0(5,4) & 1 \end{bmatrix} \tag{4.18}$$

$$\boldsymbol{M}_1 = \begin{bmatrix} \rho_1(1,1) & \rho_1(1,2) & \rho_1(1,3) & \rho_1(1,4) & \rho_1(1,5) \\ \rho_1(2,1) & \rho_1(2,2) & \rho_1(2,3) & \rho_1(2,4) & \rho_1(2,5) \\ \rho_1(3,1) & \rho_1(3,2) & \rho_1(3,3) & \rho_1(3,4) & \rho_1(3,5) \\ \rho_1(4,1) & \rho_1(4,2) & \rho_1(4,3) & \rho_1(4,4) & \rho_1(4,5) \\ \rho_1(5,1) & \rho_1(5,2) & \rho_1(5,3) & \rho_1(5,4) & \rho_1(5,5) \end{bmatrix} \tag{4.19}$$

式中：$\rho_0(j,k)$ 为变量 j 和变量 k 在相同时间的相关系数；$\rho_1(j,k)$ 为变量 j 和变量 k 延迟 1 天时的相关系数。

由此可知，当 $\rho_0(j,k)=\rho_0(k,j)$ 时，$\boldsymbol{M}_0$ 为对称矩阵；当 $\rho_1(j,k)\neq\rho_1(k,j)$ 时，$\boldsymbol{M}_1$ 需要单独计算。

4. 气象要素随机模拟验证

可选用各气象要素的年平均值、月平均值、月极大值、月极小值等分析 BCC/RCG - WG 天气发生器的随机模拟效果。其中，月降水量平均值选用历年同期月降水量的平均值；月平均最低气温和最高气温为历年同期日最低气温和最高气温的月平均值；月平均日照时数为历年同期月日照时数的平均值；月平均相对湿度为历年同期逐日平均相对湿度的月平均值；月平均风速为历年同期逐日平均风速的月平均值；月极大值为各气象要素月内的最大值；月极小值为各气象要素月内的最小值；年平均值、极值也按此方法计算。在均值、极值的基础上，可对比各气象要素在不同阈值区间的占比，如随机模拟逐日降水量与历史逐日降水量在不同阈值区间的分布情况；也可用各气象要素的偏差系数、方差等统计量进行对比。

$$R^2 = \frac{\sum_{i=1}^{n}(S_i - \overline{S}) \times (O_i - \overline{O})}{\sum_{i=1}^{n}\sqrt{(S_i - \overline{S})^2} \times \sum_{i=1}^{n}\sqrt{(O_i - \overline{O})^2}} \tag{4.20}$$

$$RE = \frac{|S_i - O_i|}{O_i} \tag{4.21}$$

式中：S_i 为气象要素模拟值；$\overline{S}$ 为气象要素模拟平均值；O_i 为历史同期气象要素值；$\overline{O}$ 为历史同期气象要素平均值；R^2 为决定系数；RE 为相对误差，%。

4.1.2.2　作物产量损失评估

农业旱灾损失影响包括旱灾对作物生长、土地肥力、作物产量、林业经济、农村资源环境等造成的影响及损失，其中作物产量因旱损失是农业旱灾损失评估最直接、最重要的指标。本章选择作物产量因旱损失来评估旱灾对农业的影响，利用作物模型模拟作物逐日生长情况及最终产量，模拟产量与期望产量之间的差值即为产量因旱损失。模型模拟作物的生长过程主要包括物候、根部生长、叶片扩张与衰减、生物量累积与分配、产量形成等，能够分析作物不同阶段产量受旱影响及作物产量减产的因素等。本书选取澳大利亚

APSIM 模型，逐日模拟作物生长情况及作物产量。

1. APSIM 模型

APSIM 模型由澳大利亚昆士兰州和联邦科工组织开发研制，是对农业系统进行建模和仿真的机理模型[94-105]。自 APSIM 模型问世以来，已在全世界各地区不同气候类型、不同土壤类型下得到了广泛应用和验证，其中气候类型包括大陆性气候、温带海洋性气候、亚热带干旱气候等。APSIM 模型在我国东北地区、陕西、黄淮海地区、太湖流域、云南、华北平原、甘肃等省份和地区也得到了应用，主要用于模拟水稻、小麦、玉米、棉花、大麦等在内的多种常见作物，探索优化灌溉、作物种植结构调整、水分平衡利用、碳氮均衡、气候变化、作物生产力、田间管理措施等科学问题。APSIM 模型基本原理如图 4.3 所示。与其他作物模型对比，APSIM 模型最大的特点是以土壤为中心，能较好地模拟土壤-作物水分及营养动态均衡；以土壤为介质，能够反映作物之间的相互联系以及模拟轮作模式下不同作物之间的相互影响。APSIM 模型能较好地模拟极端天气下作物产量及经济损失，反映干旱条件下的水分转移以及作物土壤水分关系，提高农业生产风险评估的准确性。

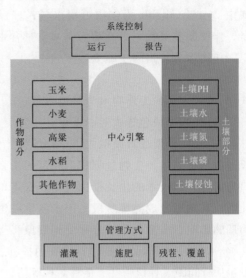

图 4.3　APSIM 模型基本原理

（1）模型主要模块。APSIM 模型包含土壤、作物、田间管理和系统控制等模块，各模块之间采用"拔插"式组合，各模块之间具有灵活性[95-96]。其中，土壤模块包括水平衡、氮和磷等营养物质与作物之间的转化、土壤特性数据、土壤侵蚀等；作物模块为模型模拟中各作物的成长情况，包括作物物候、叶面积、生物量累积、产量形成等过程机理；田间管理包括作物播种方式、灌溉、施肥等田间管理措施；系统控制模块包括模型数据输入、模型运行、结果输出等各种管理控制。

1）土壤模块最重要的是土壤水分平衡模块。土壤水分平衡模块主要是一个分级水量平衡模型，该模型大多延续 CERES 模型和 PERFECT 模型中的水分模块。其中，径流的产生包括饱和径流和非饱和径流，径流的计算利用降水径流系数法。土壤蒸发模型为两阶段蒸发模式，第一阶段当土壤水分充足时，蒸发速率为潜在蒸发速率；随着土壤的蒸发，进入第二阶段，土壤含水量降低，当降低到一定阈值时，土壤蒸发速率将小于潜在蒸发速率。此时的蒸发量由 t 和 $Cona$ 两个参数决定，计算公式为

$$E_s = Cona \times t^{1/2} \tag{4.22}$$

式中：E_s 为蒸发量，mm；$Cona$ 为蒸发系数，$mm/d^{1/2}$；t 为时间，d。

综上，蒸发量计算公式为

$$\begin{cases} E_s = U \times t & t \leqslant t_1 \\ E_s = U \times t_1 + Cona\sqrt{t - t_1} & t > t_1 \end{cases} \tag{4.23}$$

式中：U 为潜在蒸发速率，mm/d。

模型中土壤水模拟主要由凋萎系数、田间持水量及饱和含水量参数控制。

作物的需水量由潜在蒸散发和作物系数计算，土壤可用水量即为土壤对作物的可供水量，为土壤含水量与凋萎系数之间的差值，同时考虑作物水分利用系数，该部分水量即为作物可用水量：

$$sw\_available = kl(sw - ll) \tag{4.24}$$

式中：$sw\_available$ 为作物可用水量；kl 为作物水分利用系数；sw、ll 分别为土壤含水量、作物凋萎系数，二者均为土壤重量含水率，%。

作物水分胁迫因子即为

$$sw\_stress = (sw - ll)/(dul - ll) \tag{4.25}$$

式中：sw_stress 为作物水分胁迫系数；dul 为田间持水量（土壤重量含水率），%。

2）作物模块包含大豆、玉米、小麦、高粱、苜蓿等常见的 30 多种作物的生长过程文件。APSIM 模型逐日模拟大田作物的整体情况而不只针对单个植株，模拟作物的主要生长过程包括物候、生物量累积、叶片的发育、衰老和分配、生物量分配、果实的累积、水氮均衡等。以玉米的生长模拟为例，玉米的生育期分为播种、出苗、拔节、抽雄、开花、吐丝、乳熟以及成熟等阶段。玉米各阶段生育期天数主要受到积温的控制，同时也受到光周期的影响。玉米的生长过程受到气象、土壤、田间管理措施等的影响。

3）田间管理模块主要包括作物的播种、灌溉、施肥、覆膜、收获方式等。其中播种设置包括行间距、种植密度、播种品种等信息；灌溉方式可以选择设置灌溉深度、灌溉日期和灌溉量，也可以选择设置某一条件进行灌溉，如当土壤含水量小于设定的阈值时进行灌溉。甚至可以设置自动灌溉，即一旦作物出现水分胁迫，模型会自动灌溉，以满足作物需水要求。

（2）模型所需数据。模型所需的数据主要包括气象、土壤、作物和田间管理四类数据。其中，气象数据是模型的气象驱动数据，主要包括逐日降水、最高气温、最低气温、太阳辐射以及潜在蒸散发等，其中太阳辐射和潜在蒸散发数据选用 FAO Penman - Monteith 方法计算；土壤数据包括分层田间持水量、饱和含水量、凋萎系数、容重、pH、土壤有机物等；作物数据包括作物生育期，以及作物生长过程中的观测数据，如生物量、叶面积、作物产量等数据，作物数据主要用于模型参数率定及验证；田间管理数据包括作物的种植时间、种植方式、行间距、种植密度、灌溉措施、施肥措施等数据，该数据主要用于模型田间管理参数的设置。

2. 模型参数率定及验证

APSIM 模型参数率定中应首先率定生育期参数，而后率定产量参数。控制各阶段生育期参数包括出苗到营养生长结束所需积温、开花到成熟所需积温、临界光周期等；控制作物产量参数包括每株最大籽粒数、灌浆速率等。选取 n 个模拟值与实测值之间的决定系数（R^2）以及相对均方根误差（$NRMSE$）评价模型参数率定和验证结果。

$$RMSE = \sqrt{\frac{\sum_{i=1}^{n}(S_i - O_i)^2}{n}} \tag{4.26}$$

$$NRMSE = \frac{RMSE}{\overline{O}} \times 100\% \tag{4.27}$$

式中：$RMSE$ 为均方根误差；S_i 为第 i 个模拟产量，kg/hm^2；O_i 为第 i 个观测产量，kg/hm^2；$\overline{O}$ 为观测产量的平均值，kg/hm^2；n 为样本数。

3. 作物产量因旱损失

将期望产量与模拟产量之间的差值称为作物产量因旱损失。目前期望产量常采用历年最高产量、正常年产量、平均气象条件下的产量、无干旱胁迫下的产量以及历年产量平均值等表示。其中，历年最高产量是指利用模型模拟历史长序列作物产量，历年模拟产量的最高值为期望产量（或历史统计、实测产量的最大值），最高产量对应的天气情况假设为作物最适宜生长的气象条件；正常年产量是选取具有代表性的年份，这一年的降水量接近平均水平，没有发生水分胁迫和洪涝灾害，该年的产量即为正常年产量；平均气象条件下的产量是指将长序列逐日气象数据的平均值，作为模型气象输入条件，模拟得出的作物产量即为平均气象条件下的产量；无干旱胁迫下的产量是指作物在生长过程中没有出现水分胁迫情况下的产量，如当模型模拟时设置为自动灌溉模式，作物一旦发生水分胁迫即会自动灌溉，以满足作物需水要求；历年模拟产量的平均值是指利用模型模拟长时间序列的作物产量。

采用的期望产量定义为作物在未来的生长过程中，水肥充足，温度、光照适宜下的作物产量。但由于该生长情况为理想情况，实际操作具有一定困难。故最终采用天气发生器模拟的 n 种情景下，作物模型模拟产量的最大值为期望产量，即假设产量最大值时的模拟情景为作物生长最适宜的气象情景。产量因旱损失率的计算公式为

$$L_{\text{loss}}^{k} = \frac{Y_{\max} - Y_k}{Y_{\max}} \tag{4.28}$$

式中：L_{loss}^{k} 为情景 k 下的作物产量因旱损失率，%；$Y_{\max}$ 为 n 种情景下模拟产量的最大值，kg/hm^2；Y_k 为情景 k 下的产量模拟值，kg/hm^2。

考虑地区多种作物的农业综合旱灾损失为

$$L_{\text{loss}} = \sum_{i=1}^{i=n} \omega_i L_{\text{loss}}^{i} \tag{4.29}$$

式中：i 为地区种植作物类型个数；ω_i 为第 i 种作物的种植面积占比；L_{loss}^{i} 为第 i 种作物的产量因旱损失率，%。

4.2 东北地区农业旱灾风险动态评估

4.2.1 研究区概况

东北地区包括黑龙江、吉林及辽宁三省（以下简称"东北三省"），面积为 79.18 万 km^2，地形以平原和山地为主，平均海拔 500～800m，年降水量 400～1000mm，整体呈现出从南到北逐渐降低的趋势。东北三省是重要的粮食产区，耕地面积占全国耕地面积的 16.8%，2018 年东北三省粮食产量约为 1.33 亿 t，占全国粮食总产量的 20% 左右。东北三省主要种植作物为玉米、水稻和大豆，其中玉米是最主要的农作物，玉米播种面积为

759.4 万 hm²，占农作物播种面积的 67.6%。

东北三省地处中高纬度，是我国重要的商品粮生产基地，但由于其独特的地理位置及气候条件，导致其干旱灾害频繁发生。近百年来东北三省温度增加了 1.43℃，是全球增温率的 2 倍、全国增温率的 3 倍。在气候变暖的大背景下，东北三省的干旱有所发展，而三个省也有其各自的干旱时空特征。其中，辽宁省西北部地区更是有"十年九旱"之说；黑龙江省的干旱变化为由东向西呈递减趋势；而吉林省白城市、长春市、四平市、吉林市则易发生春旱和夏秋旱，而当旱情持续时间较长时，春旱加上夏秋旱就会出现对作物影响较为严重的"卡脖旱"。东北三省重度及以上干旱发生在 1982 年、1989 年、2000 年、2001 年、2006 年、2009 年及 2014 年等，其中 1982 年三个省份均发生重度以上干旱。大部分春玉米播种地区为雨养农业区，作物对天然降水的依赖程度高，旱灾对春玉米产量影响较明显。2000 年东北三省发生特大干旱，农作物产量因旱损失高达 126.6 亿 t，农业直接经济损失 149.1 亿元。

4.2.2 研究区数据

4.2.2.1 气象数据

本书以地市为单位搜集了东北三省国家级气象站点数据，依据站点的位置、玉米的种植范围、气象数据序列的长度以及数据质量等，每个地市选取一个站点代表该地市的气象条件。

气象数据还包括天气发生器模拟的逐日气象要素数据，根据选取的东北三省 49 个气象站逐日气象数据，利用天气发生器随机模拟各站点气象数据 1 年的大量样本。模拟气象要素包括逐日的降水量、最低气温、最高气温、风速、相对湿度以及日照时数等。

4.2.2.2 土壤数据

本书搜集的土壤数据主要包括各地市常见土壤类型，各土壤类型分层土壤容重、田间持水量、饱和含水量、凋萎系数和 pH 等。土壤数据来源主要分为两部分，一是《中国土种志》等相关参考文献[106]；二是在辽宁省阜新市、黑龙江省哈尔滨市以及吉林省长春市等地的实地测量数据。土壤数据以地市为单位，并与气象站点相匹配。以辽宁省阜新市为例，模型土壤参数设置见表 4.3。

表 4.3　　　　　　　　　　阜新市站点模型土壤参数设置

土层深度 /cm	容重 /(g/cm³)	凋萎系数 /(mm/mm)	田间持水量 /(mm/mm)	饱和含水量 /(mm/mm)	NO₃ /pmm	NH₄ /pmm	pH
0～10	1.45	0.08	0.25	0.36	0.237	0.194	5.3
10～20	1.47	0.09	0.25	0.36	0.712	0.484	5.3
20～30	1.51	0.09	0.25	0.36	0.712	0.290	5.3
30～50	1.53	0.07	0.23	0.33	0.554	0.290	5.4
50～70	1.53	0.08	0.23	0.33	0.395	0.290	5.6
70～90	1.55	0.07	0.21	0.30	0.395	0.290	5.8
90～110	1.57	0.07	0.19	0.27	0.237	0.290	6.0
110～130	1.60	0.06	0.18	0.26	0.237	0.290	6.2
130～150	1.61	0.06	0.17	0.24	0.158	0.290	6.3
150～170	1.61	0.06	0.17	0.24	0.079	0.290	6.5

4.2.2.3 作物生长发育及田间管理数据

作物生长发育观测数据以地市为单位,其来源具体包括两部分,一部分为来自东北三省国家级农业气象站的长序列作物观测数据,包含站点信息、作物品种、观测作物生育期、田间管理措施、产量分析、生育期内主要气象灾害以及春玉米生长概述。以辽宁省阜新蒙古族自治县气象站 2012 年为例,春玉米田间管理措施、观测生育期及产量数据见表4.4~4.6。另一部分数据来自大田试验,田间管理措施及生育期年际之间变化不大,可作为模型模拟的输入数据。

表 4.4 2012 年阜新蒙古族自治县气象站春玉米田间管理措施

田间措施	起止日期	方法和工具	数量、质量、效果
播种	5 月 8 日	四轮播种	耕深 15cm
施肥	5 月 8 日	机械	11kg/亩
锄草	6 月 2 日	人工	锄掉杂草
中耕	6 月 20 日	人工	耕深 15cm
施肥	6 月 20 日	人工	尿素 30kg/亩
收割	10 月 1 日	人工	收割干净

表 4.5 2012 年阜新蒙古族自治县气象站春玉米观测生育期

生育期	时 间	生育期	时 间
播种	5 月 8 日	抽雄	7 月 18 日
出苗	5 月 18 日	开花	7 月 21 日
三叶	5 月 22 日	吐丝	7 月 21 日
七叶	6 月 6 日	乳熟	8 月 14 日
拔节	7 月 3 日	成熟	9 月 21 日

表 4.6 2012 年阜新蒙古族自治县气象站春玉米产量数据

项 目	数 值	项 目	数 值
果穗长/mm	21.2	百粒重/g	35.80
果穗粗/mm	5.1	理论产量/(g/m^2)	1136.87
双穗率/%	7.5	茎秆重/(g/m^2)	977.06
株籽粒重/g	196.35	籽粒与茎秆比	0.80

4.2.2.4 研究区大田试验数据

本书在东北三省各选择一个试验站,实际测量土壤数据及春玉米的作物生长数据。三个试验站分别为农业部阜新农业环境与耕地保育科学观测试验站 (48°N, 121.65°E),试验年份为 2015—2017 年;吉林省长春市双阳区试验站 (43.52°N, 125.62°E),试验年份为 2013—2014 年;黑龙江省农业科学院国家级农业示范区 (45.7°N, 126.6°E),试验年份为 2012—2013 年。

实测土壤数据包括试验田块分层土壤质地、水分特性等;春玉米生长观测数据包括播种到开花日数、生育期日数及产量。试验主要用于设置 APSIM 模型参数、田间管理方式、对 APSIM 模型进行品种参数率定验证等，为 APSIM 模型在东北地区模拟春玉米生长提供试验数据支撑。

由于试验年份较短，为了得到更多春玉米试验数据样本，通过设置不同的春玉米种植密度，来监测春玉米生长状况。选用东北地区常见玉米品种郑单 958，试验方案设置不同的小区域，每个小区域长 12m、宽 5m，参考相关文献，各小区域设置为不同的种植密度，分别为 4000 株/亩（6 株/m²）、6000 株/亩（9 株/m²）、8000 株/亩（12 株/m²）。春玉米种植行距统一设置为 50cm，种植密度间距分别为 17cm、22cm 和 33cm，每个方案设置 3 个重复，大田试验种植密方案设置如图 4.4 所示。试验田块在播种前施肥，肥料及用量为：氮肥（N）40.5kg/hm²、磷肥（P_2O_5）87kg/hm² 和钾肥（K_2O）22.5kg/hm²。

土壤数据包括试验田块分层土壤特性数据，试验田土壤常规指标，分层测定的土壤质地、容重，以及氮、磷、钾含量，分别在播种和收获时各测定 1 次。

用环刀法测定土壤容重，在试验区不同地点的 0～20cm、20～40cm 和 40～60cm 土层中取土样，每个地点每个土层取 3 个土样。测得试验地块表层 0～10cm 土壤容重为 1.45g/cm³，土壤有机质含量为 13.02g/kg，土壤总氮量为 0.72g/kg，总磷含量为 0.52g/kg，总钾含量为 19.05g/kg，土壤 pH 为 6.95。图 4.5 为不同深度土壤取样示意图。

图 4.4　大田试验种植密度方案设置　　　　图 4.5　不同深度土壤取样示意图

玉米生长观测数据包括春玉米生育期、产量和生物量数据。采用平行观测的方法测量春玉米不同种植密度下的各阶段生育期时间，包括作物各关键生育期天数（出苗、开花、成熟）。玉米收获后进行产量测定，每个小区选取 8m²（2m×4m）的取样区，对所有植株进行取样，放在通风处风干一个月后进行产量的测定。测定全部样品的株数及穗数后随机选取 10 株玉米，测定干物重、计算穗数，得到单位面积穗数数据。随机选取 10 个玉米穗，分别计算穗行数和行粒数，得到每穗粒数，并随机选取 100 粒玉米籽粒称重，确定百粒重。收获指数为籽粒产量与地上部生物量的比值。玉米收获及分样处理如图 4.6 所示，2015—2017 年各种植密度下春玉米平均产量及地上部分平均生物量实测结果，见表 4.7。

试验数据主要用于设置 APSIM 模型与大田试验相同的种植参数、田间管理方式等，对 APSIM 模型进行品种参数率定，为 APSIM 模型在东北地区模拟春玉米生长等提供试验支撑。

根据构建的农业旱灾风险动态评估模型，在东北地区开展应用研究，从春玉米播种开始，以周为步长，滚动评估作物生育期内产量因旱损失率及农业旱灾风险，直到整个生育期结束。为了方便模型模拟以及不同地区同一时间产量因旱损失与农业旱灾风险的对比，各地区农业旱灾风险动态评估时间及步长保持一致，同时为了排除其他因素对产量的影响，假设产量的损失只与气象要素（干旱）有关，作物模型设置相同的种植方式和田间管理措施，如种植密度、施肥类型及施肥量等。产量因旱损失评估反映已发生干旱对作物产量的累积影响及损失；农业旱灾风险动态评估预测未来旱灾演变及其影响，其结果在时间上呈现出风险动态变化，各地区不同时间农业旱灾风险的研究成果可为应急抗旱工作提供定量化依据。

(a) 玉米收获　　　　　　　　　　　　　　　(b) 玉米分样

图 4.6　玉米收获及分样处理

表 4.7　　2015—2017 年各种植密度下春玉米平均产量及地上部分平均生物量实测结果

年份	播种日期	收获日期	种植密度 /（株/m²）	平均产量 /（kg/hm²）	平均地上部生物量 /（kg/hm²）
2015	5 月 4 日	10 月 1 日	6	8300	16524
2015	5 月 4 日	10 月 1 日	9	9658	21358
2015	5 月 4 日	10 月 1 日	12	12977	27107
2016	5 月 22 日	10 月 1 日	6	9935	21920
2016	5 月 22 日	10 月 1 日	9	10653	21251
2016	5 月 22 日	10 月 1 日	12	8326	18480
2017	5 月 20 日	10 月 1 日	6	8626	17829
2017	5 月 20 日	10 月 1 日	9	8074	18478
2017	5 月 20 日	10 月 1 日	12	6198	16725

4.2.3　模型本地化构建

以东北三省 2000 年和 2001 年的典型干旱事件为例，运用 APSIM 模型动态评估农业旱灾风险。评估时段为春玉米播种至整个生育期结束，以周为步长，滚动评估春玉米生育期内旱灾风险的动态变化。为了方便模型模拟以及地市间同一时间的风险大小对比，同时为了排除其他因素的影响，假设产量的降低只与气象要素有关，在典型干旱事件发生时，东北地区春玉米旱灾风险动态评估时间及步长保持一致，模型设置统一的种植密度、施肥类型及施肥量。假设春玉米产量的降低只受农业干旱的影响。农业旱灾风险动态评估结果在时间上呈现出风险动态变化、在空间上展示各地市旱灾风险大小，可为应急抗旱提供重要依据。

模型本地化构建参数数据集主要包括两部分，一是气象要素模拟参数的本地化，二是 APSIM 模型模拟春玉米生长的参数本地化。通过对比模拟气象要素的统计变量与观测数据，评价气象要素随机模拟效果；通过对比观测与模拟春玉米生育期天数以及产量参数结果，评价 APSIM 模型的模拟效果。

4.2.3.1　气象要素随机模拟结果分析

天气发生器对未来气象要素的随机模拟预测采用历史气象要素的统计值进行验证。基于东北三省 49 个国家基本气象站点数据，本书分析了 BCC/RCG-WG 天气发生器对 6 个气象要素年均值的模拟效果，各气象要素模拟结果的 R^2 均超过了 0.9，表明 BCC/RCG-WG 天气发生器对各气象要素年均值的模拟效果较好。其中对最高气温和最低气温模拟的 R^2 在 0.99 左右，模拟效果最好（图 4.7）。

分析各气象要素月均值的相对误差，从图 4.8 可以看出，相比于其他气象要素，降水量和日照时数相对误差较小。其中最高气温在 2 月、3 月、11 月和 12 月的相对误差较大，最低气温在 4 月、10 月和 11 月的相对误差较大，由于月平均最高气温在 2 月、3 月、11 月和 12 月接近 0℃，故相对误差较大；同理，月平均最低气温在 4 月、10 月和 11 月接近 0℃，导致这些月份的相对误差较大。月平均降水量、最高气温、最低气温、日照时数、相对湿度以及平均风速的平均相对误差分别为 9.1%、9.9%、14.5%、6.1%、14.7% 和 21.6%，6 个气象要素中只有月平均风速的相对误差超过 20%。整体而言，BCC/RCG-WG 天气发生器对于各气象要素的年均值、月均值的模拟效果较好，各统计评价指标误差均在可接受的范围之内。

4.2.3.2　作物模型参数率定结果分析

APSIM 模型模拟生育期的结果表明，试验中虽然设置了不同的种植密度，但是在不同种植密度下春玉米的生育期保持不变。APSIM 模型模拟生育期及产量结果的比较如图 4.9 所示，其中三个站点模拟的开花日数与观测的开花日数之间的决定系数 R^2 为 0.62，模拟的生育期日数与观测的生育期日数之间的决定系数 R^2 为 0.87，模拟的单产与实测的产量之间的决定系数 R^2 为 0.50。播种到开花日数、生育期日数和产量的标准均方根误差均在 10% 以下。开花日数与生育期日数的绝对误差在 4d 以内，产量绝对误差小于 560kg/hm^2。评价指标表明 APSIM 模型在东北三省模拟郑单 958 品种春玉米的生育期和产量效果较好。

4.2.3.3　农业旱灾风险动态评估方案

农业旱灾风险动态变化主要考虑作物生育期内未来干旱发展及演变对作物产量的可能影响，基于风险定义，计算期望产量损失率定量评估农业旱灾风险。对模型进行简化，研究单一作物的农业旱灾风险，东北三省耕地面积大多为雨养农业区，在模型模拟时未设置

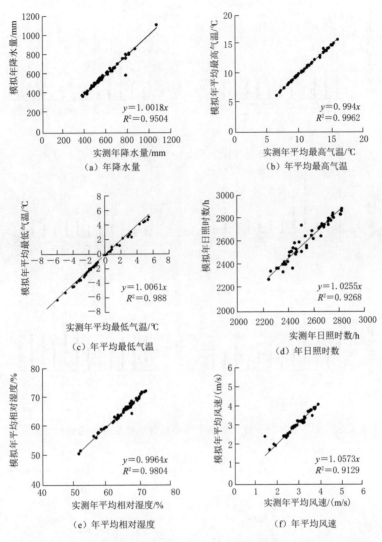

图 4.7 BCC/RCG - WG 天气发生器对气象要素年均值的模拟效果评估

灌溉措施，同时初始土壤含水量设置为 80%。由于春玉米种植时间大致在 4 月底至 5 月初，春玉米成熟日期大约在 9 月中下旬，故农业旱灾风险动态评估的时间起点选在 5 月 1 日，并以周为步长，滚动评估农业旱灾风险，直至春玉米生育期结束，最后一次评估时间为 9 月 18 日，共选择 21 个评估时刻分析农业旱灾风险动态变化，基本涵盖各地市春玉米的全部生育期。

结合 BCC/RCG - WG 天气发生器对气象要素的随机模拟概率以及作物产量因旱损失，采用 100 个气象要素模拟结果样本，每次模拟情景的概率即为 1%，农业旱灾风险动态评估公式可表示为

$$R = \sum_{k=1}^{k=n} P_k L_{\text{loss}}^k = \frac{1}{n} \sum_{k=1}^{k=n} \frac{Y_{\text{m}}^t - Y_k^t}{Y_{\text{m}}^t} = \frac{1}{100} \sum_{k=1}^{k=n} \frac{Y_{\text{m}}^t - Y_k^t}{Y_{\text{m}}^t} \tag{4.30}$$

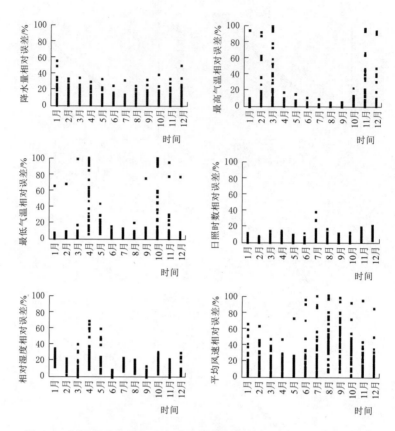

图 4.8　BCC/RCG - WG 天气发生器模拟各气象要素月均值相对误差

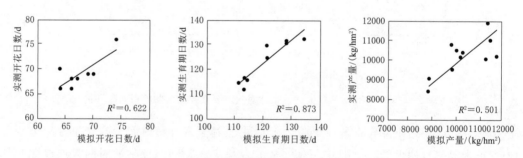

图 4.9　APSIM 模型模拟生育期及产量结果比较

4.2.4　东北地区农业旱灾风险动态评估

4.2.4.1　典型干旱事件演变分析

2000 年，东北三省发生严重夏旱，导致粮食产量较 1999 年减产 2000 万 t 左右，重旱区分布在辽西地区及吉林省中西部。2000 年 6—7 月东北各地高温天气持续发展，6 月 1日至 7 月中旬东北主要粮食区降水量为历年同期的一半，严重干旱区仅为历年同期的30%。辽宁省 2000 年 6 月上旬至 7 月下旬，各站点降水量比历史同期偏少 40%～90%。

2000年干旱主要发生在夏季，2000年阜新站各阶段降水量及SPI值见表4.8，由表4.8可以看出，阜新站春玉米在苗期遭遇特大干旱，拔节期—抽雄期遭遇严重干旱，开花期之后降水量恢复为正常水平，干旱得到缓解。2000年夏旱的成因以及干旱区分布在辽宁省具有一定的代表性，故选择2000年夏旱分析春玉米农业旱灾风险动态演变。

表4.8 2000年阜新站点各阶段降水量及SPI值

阶 段	苗 期	拔节期—抽雄期	开花期—吐丝期	乳熟期—成熟期
起止日序*	122～185	186～205	206～234	235～263
降水量/mm	42	15.8	129.3	59.6
SPI	−2.53	−1.70	0.06	0.35

注 起止日序是指从1月1日起的第 n 日。

在2000年遭遇严重夏旱后，东北三省在2001年发生严重春旱及秋旱，东北南部干旱最为严重，其中辽宁省2001年2月至6月上旬的平均降水量仅为同期均值的44%，辽宁省西部偏少52.1%，中部和北部偏少67.7%（表4.9）。2001年春旱在历史干旱事件中也具有一定的代表性。因此，本节选择2000年和2001年的典型干旱事件为研究对象，分析在发生严重夏旱、春旱时农业旱灾风险动态变化情况。

表4.9 2001年阜新站各阶段降水量与年均降水量

阶 段	苗 期	拔节期—抽雄期	开花期—吐丝期	乳熟期—成熟期
起止日序	121～184	185～204	205～233	234～262
降水量/mm	155	73	84.6	6.2
SPI	0.64	0.05	−0.65	−2.15

4.2.4.2 农业旱灾风险动态评估结果

为了分析不同地区旱灾风险差异，以及排除其他因素的影响，春玉米的种植方式、种植密度、品种以及田间管理措施等设置统一，并假设春玉米产量降低仅受气象因素影响。以2000年5月1日为农业旱灾风险动态评估起始日，利用模拟100次逐日气象数据，分别替换2000年5月1日之后的气象数据驱动作物模型，得到100次模拟结果下的春玉米产量，并计算当前时刻农业旱灾风险值。之后以周为步长，分别计算春玉米生育期内的农业旱灾风险。东北三省2000年春玉米生育期内农业旱灾风险动态变化如图4.10所示。

从图4.10可以看出，从播种到6月12日，农业旱灾风险较小，且保持不变，其间虽然发生特大干旱，但是对春玉米产量的影响较小。此时春玉米处于萌芽时期，此阶段是以生根、分化茎叶为主的营养生长阶段。此阶段根系发育较快，但地上部茎、叶量的增长比较缓慢，需水量较小，发生干旱对春玉米生长影响较小。从7月初至7月下旬发生严重干旱，农业旱灾风险显著增加，此阶段为拔节期—抽雄期，此时春玉米需水量迅速增加，生长迅速，发生干旱对春玉米产量影响较大，旱灾对春玉米的累积影响越来越大。在该时期，黑

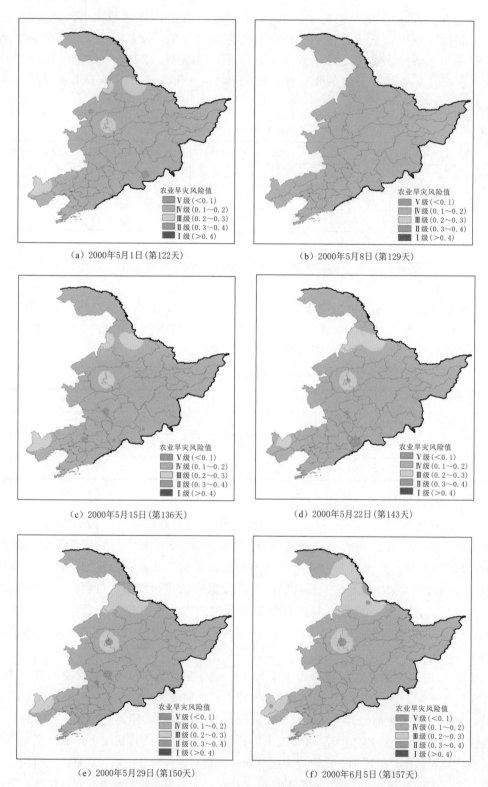

（a）2000年5月1日（第122天）　　　　　　　　　（b）2000年5月8日（第129天）

（c）2000年5月15日（第136天）　　　　　　　　　（d）2000年5月22日（第143天）

（e）2000年5月29日（第150天）　　　　　　　　　（f）2000年6月5日（第157天）

图 4.10（一）　东北三省 2000 年春玉米生育期内农业旱灾风险动态变化

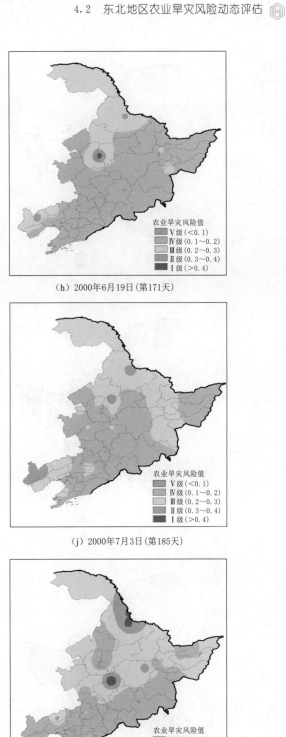

（g）2000年6月12日（第164天）　　　（h）2000年6月19日（第171天）

（i）2000年6月26日（第178天）　　　（j）2000年7月3日（第185天）

（k）2000年7月10日（第192天）　　　（l）2000年7月17日（第199天）

图 4.10（二）　东北三省 2000 年春玉米生育期内农业旱灾风险动态变化

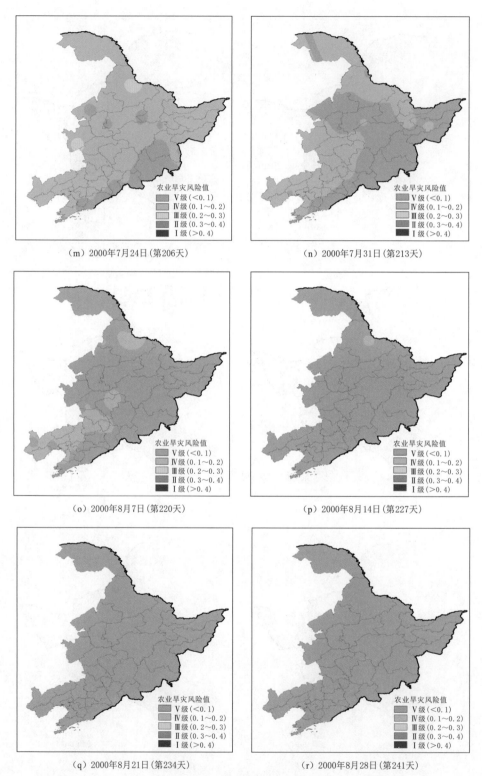

图 4.10 （三）　东北三省 2000 年春玉米生育期内农业旱灾风险动态变化

（s）2000年9月4日（第248天）

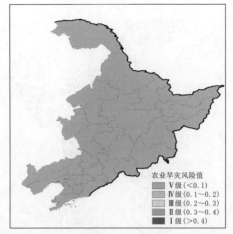

（t）2000年9月11日（第255天）

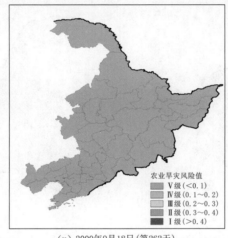

（u）2000年9月18日（第262天）

图4.10（四） 东北三省2000年春玉米生育期内农业旱灾风险动态变化

龙江省黑河市以及辽宁省西北部地区农业旱灾风险严重，其中以朝阳市旱灾风险最为严重，旱灾风险值超过0.7。从7月31日至8月21日，农业旱灾风险基本保持不变，此时春玉米处于开花期—吐丝期，降水处于正常水平，农业旱灾风险主要由拔节期—抽雄期的严重干旱引起。从8月28日至9月18日的变化趋势可以看出，农业旱灾风险逐渐减小，高等级的旱灾风险区域范围逐渐缩小，此时处于乳熟期—成熟阶段。2000年该阶段降水恢复正常水平，由此表明乳熟期—成熟期降水对春玉米产量旱灾损失具有一定的补偿作用。

整体来说，2000年东北三省旱灾风险呈现出先增加后降低的趋势，主要是由于旱灾的演变规律与春玉米生长发育规律有关。

2001年春玉米生育期降水与2000年相比有较大不同，2001年作物生育期前期降水正常，而到开花之后开始出现干旱，其中开花期—吐丝期发生轻度干旱，乳熟期—成熟期发生严重干旱。东北三省2001年春玉米生育期内农业旱灾风险动态变化如图4.11所示。

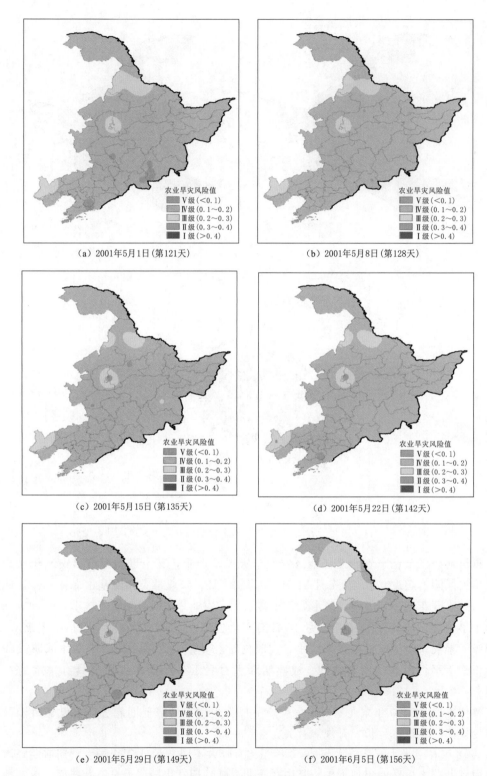

（a）2001年5月1日（第121天）　　　　　（b）2001年5月8日（第128天）

（c）2001年5月15日（第135天）　　　　　（d）2001年5月22日（第142天）

（e）2001年5月29日（第149天）　　　　　（f）2001年6月5日（第156天）

图 4.11（一）　东北三省 2001 年春玉米生育期内农业旱灾风险动态变化

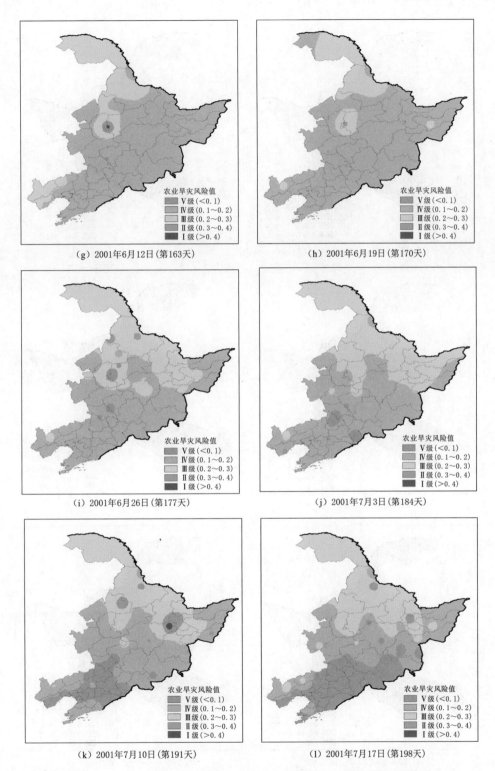

（g）2001年6月12日（第163天）　　　　（h）2001年6月19日（第170天）

（i）2001年6月26日（第177天）　　　　（j）2001年7月3日（第184天）

（k）2001年7月10日（第191天）　　　　（l）2001年7月17日（第198天）

图 4.11（二）　东北三省 2001 年春玉米生育期内农业旱灾风险动态变化

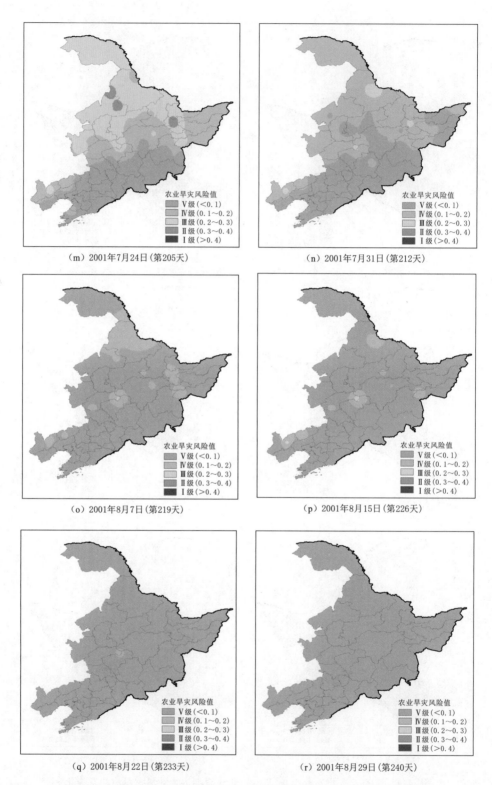

（m）2001年7月24日（第205天）　　　　　（n）2001年7月31日（第212天）

（o）2001年8月7日（第219天）　　　　　（p）2001年8月15日（第226天）

（q）2001年8月22日（第233天）　　　　　（r）2001年8月29日（第240天）

图 4.11（三）　东北三省 2001 年春玉米生育期内农业旱灾风险动态变化

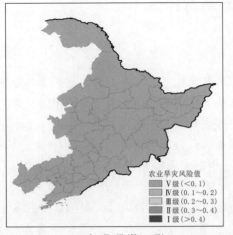

（s）2001年9月4日（第247天）

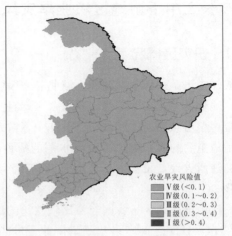

（t）2001年9月11日（第254天）

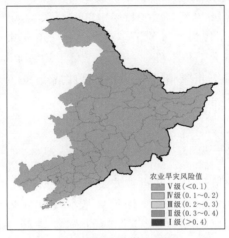

（u）2001年9月18日（第261天）

图4.11（四）　东北三省2001年春玉米生育期内农业旱灾风险动态变化

　　2001年干旱主要发生在上半年，从5月1日至7月3日，农业旱灾风险呈现出逐渐减小的趋势；7月4—24日，农业旱灾风险整体变化较小，该阶段降水基本处于正常水平；7月31日至8月28日，农业旱灾风险逐渐增加，该阶段为春玉米的开花期—吐丝期，其间发生了轻度干旱。2001年，春玉米乳熟期—成熟期发生特大干旱，但农业旱灾风险却逐渐减轻，由此可见在乳熟期—成熟期发生干旱对春玉米产量影响较小。

　　2000年和2001年均发生了特大干旱，但是发生的季节不同，2000年为夏旱，具体对应春玉米的苗期以及拔节期—抽雄期。2001年在春玉米播种前以及春玉米乳熟期—成熟期发生特大干旱。以上结果表明，农业旱灾风险变化受到旱灾随机演变以及作物生育期生长规律的影响。

4.3 长江中下游地区农业旱灾风险动态评估

4.3.1 研究区概况

长江中下游地区包括湖南、湖北、安徽、浙江、江苏、江西 6 省，地处亚热带季风气候区，地势低平，河网交错，湖泊众多，且其地表结构为低山丘陵与平原相间，是我国降水异常、旱涝频发的地区之一。长江中下游地区主要的农作物为水稻、小麦和玉米，其中水稻是最主要的农作物，2019 年水稻的播种面积为 1.49 万 hm^2，产量为 1.02 亿 t。除江苏省、江西省外，长江中下游地区 1949—2020 年的受灾面积基本都呈现出先增长后下降的趋势。

长江中下游地区是我国经济比较发达的地区，该区域地势低洼，湖泊众多。多年平均气温在 14～18℃之间，多年平均降水量 1000～1400mm，降水主要集中在春季和夏季。该地区易发生春旱、夏旱或夏秋连旱，其中以夏旱为主。

长江中下游地区在 2000 年、2001 年、2004 年、2007 年、2011 年、2013 年、2019 年和 2022 年均发生了较为严重的干旱灾害。近 100 年来，长江中下游地区平均每 10～20 年会出现一次重特大干旱事件，一般性干旱平均每 4 年发生一次。一般情况下，干旱持续时间为 2～3 个月，严重情况下，干旱事件持续 4～5 个月，极端情况下，会出现连年干旱。

4.3.2 研究区数据

4.3.2.1 气象数据

本书综合考虑水稻种植范围、站点位置、气象数据序列的长度以及数据质量等因素，从长江中下游地区 6 省份的 105 个国家级基本气象站点中，通过剔除非水稻种植区站点以及位置相近站点等，最终搜集了 94 个气象站点 1991—2020 年逐日的气象数据，经整理后的数据包括逐日降水量、最低气温、最高气温、平均风速、相对湿度以及日照时数。

气象数据处理的难点，一方面在于数据质量的控制，要保证数据无缺测、无重复，否则后续会导致模型及程序等报错；另一方面是中国气象局网站的站点信息表与国家级农气表不是一一对应的，这就导致农气表可用数据有限。数据质量控制需要对每个站点进行长序列的数据质量控制，采用日序为对照，分析各站点的数据缺失及重复情况，分别对各数据进行补齐或者删除操作。具体操作为：若日降雨量缺失，则将缺失的日降雨量设置为 0；若最低气温或最高气温中的某一个要素缺失，则按两者的差值为 10℃ 的规则进行补齐，若二者均缺失，则按前一天或后一天的数据补齐；若逐日相对湿度、日照时数以及平均风速缺失，则取历年的平均值，分别约为 75％、6h 及 2m/s。最终将原始气象数据整理为完整的 30 年长序列逐日气象数据。

4.3.2.2 土壤数据

土壤是作物生长过程中最重要的环境因素，土壤类型及特性数据很大程度上影响作物的生长过程，土壤参数的设置是影响 APSIM 模型模拟准确性的主要因素之一。本书搜集到的土壤数据包括分层土壤水分特性数据及有机物等，数据来源包括《中国土种志》[106]等相关参考文献。长江中下游地区的土壤可分为潮土、水稻土、黄棕壤土、红壤土和黄壤土 5 种类型。各土壤类型土壤特性参数见表 4.10～表 4.14。土壤数据主要用于作物模型土壤模块的参数设置。

表 4.10　　　　　　　　　　潮土土壤特性参数

土层 /cm	容重 /(g/cm³)	风干系数	凋萎系数	田间含水量 /(mm/mm)	饱和含水量 /(mm/mm)
0～15	1.51	0.11	0.13	0.32	0.36
15～30	1.54	0.09	0.09	0.31	0.34
30～60	1.59	0.07	0.1	0.28	0.32
60～90	1.55	0.08	0.1	0.28	0.32
90～120	1.55	0.08	0.1	0.28	0.32
120～150	1.55	0.08	0.1	0.28	0.32

表 4.11　　　　　　　　　　水稻土土壤特性参数

土层 /cm	容重 /(g/cm³)	风干系数	凋萎系数	田间含水量 /(mm/mm)	饱和含水量 /(mm/mm)
0～15	1.51	0.08	0.11	0.32	0.43
15～30	1.54	0.09	0.12	0.32	0.43
30～60	1.55	0.1	0.12	0.3	0.42
60～90	1.55	0.1	0.11	0.3	0.4
90～120	1.55	0.1	0.11	0.3	0.4
120～150	1.55	0.1	0.11	0.3	0.4

表 4.12　　　　　　　　　　黄棕壤土土壤特性参数

土层 /cm	容重 /(g/cm³)	风干系数	凋萎系数	田间含水量 /(mm/mm)	饱和含水量 /(mm/mm)
0～15	1.42	0.13	0.15	0.36	0.43
15～30	1.43	0.09	0.12	0.33	0.43
30～60	1.5	0.08	0.11	0.32	0.4
60～90	1.44	0.07	0.1	0.32	0.41
90～120	1.44	0.07	0.1	0.32	0.41
120～150	1.44	0.07	0.1	0.32	0.41

表 4.13　　　　　　　　　　　　　　红壤土土壤特性参数

土层 /cm	容重 /(g/cm³)	风干系数	凋萎系数	田间含水量 /(mm/mm)	饱和含水量 /(mm/mm)
0～15	1.42	0.11	0.13	0.36	0.43
15～30	1.44	0.1	0.12	0.35	0.42
30～60	1.5	0.07	0.1	0.33	0.4
60～90	1.44	0.08	0.11	0.33	0.41
90～120	1.44	0.08	0.11	0.33	0.41
120～150	1.44	0.08	0.11	0.33	0.41

表 4.14　　　　　　　　　　　　　　黄壤土土壤特性参数

土层 /cm	容重 /(g/cm³)	风干系数	凋萎系数	田间含水量 /(mm/mm)	饱和含水量 /(mm/mm)
0～15	1.36	0.12	0.13	0.34	0.42
15～30	1.39	0.12	0.13	0.34	0.42
30～60	1.39	0.1	0.12	0.35	0.42
60～90	1.36	0.12	0.13	0.36	0.42
90～120	1.36	0.12	0.13	0.35	0.42
120～150	1.36	0.12	0.13	0.35	0.42

4.3.2.3　水稻生长发育及田间管理数据

作物生长发育观测数据主要来源于相关参考文献及中国农业气象站作物生育状况观测记录。参考文献中的数据主要包括各站点种植水稻类型、品种、适宜播种日期秧龄、种植密度等。国家级农业气象站的水稻生育期观测数据主要包括水稻种植及栽培方式，各生育期产量结构、主要田间耕作方式、观测地段单产、生育期内气象灾害观测以及农户大田调查等。水稻种植田间耕作方式、生育期内观测生长参数等主要用于 APSIM 模型的参数设置、水稻各生育期控制参数率定等（表 4.15）。

表 4.15　　　　　　长江中下游地区各站点土壤类型及水稻种类和适宜播期参数表

区站号	台站名	省份	纬度/(°)	经度/(°)	土壤类型	水稻种类	适宜播期
58102	亳州	安徽	33.867	115.767	潮土	一季稻	5 月 15 日
58215	淮南寿县	安徽	32.550	116.783	水稻土	一季稻	5 月 15 日
58221	蚌埠	安徽	32.917	117.383	水稻土	一季稻	5 月 15 日
58236	滁州	安徽	32.300	118.300	黄棕壤	一季稻	5 月 15 日
58311	六安	安徽	31.750	116.500	黄棕壤	一季稻	5 月 15 日
58314	六安霍山	安徽	31.400	116.317	黄棕壤	一季稻	5 月 15 日

区站号	台站名	省份	纬度/(°)	经度/(°)	土壤类型	水稻种类	适宜播期
58326	巢湖	安徽	31.617	117.867	黄棕壤	一季稻	5月15日
58334	芜湖	安徽	31.333	118.383	黄棕壤	一季稻	5月15日
58424	安庆	安徽	30.533	117.050	黄棕壤	一季稻	5月15日
58436	宣城宁国	安徽	30.617	118.983	红壤	一季稻	5月15日
58437	黄山	安徽	30.133	118.150	红壤	一季稻	5月15日
58531	黄山屯溪	安徽	29.717	118.283	红壤	一季稻	5月15日
57253	十堰郧县	湖北	32.850	110.817	黄棕壤	一季稻	5月20日
57259	十堰房县	湖北	32.033	110.767	黄棕壤	一季稻	5月20日
57265	襄阳老河口	湖北	32.383	111.667	黄棕壤	一季稻	5月20日
57279	襄阳枣阳	湖北	32.150	112.750	黄棕壤	一季稻	5月20日
57355	恩施巴东	湖北	31.033	110.367	黄棕壤	一季稻	5月20日
57378	荆门钟祥	湖北	31.167	112.567	黄棕壤	一季稻	5月20日
57385	随州广水	湖北	31.617	113.817	黄棕壤	一季稻	5月20日
57399	黄冈麻城	湖北	31.183	115.017	水稻土	一季稻	5月20日
57447	恩施	湖北	30.283	109.467	黄棕壤	一季稻	5月20日
57458	宜昌五峰	湖北	30.200	110.667	黄棕壤	一季稻	5月20日
57461	宜昌	湖北	30.700	111.300	黄棕壤	一季稻	5月20日
57476	荆州	湖北	30.350	112.150	红壤	一季稻	5月20日
57483	天门	湖北	30.667	113.167	水稻土	一季稻	5月20日
57494	武汉	湖北	30.617	114.133	水稻土	一季稻	4月25日
57545	恩施来凤	湖北	29.517	109.417	水稻土	一季稻	5月20日
57583	咸宁嘉鱼	湖北	29.983	113.917	水稻土	一季稻	5月20日
58402	黄冈英山	湖北	30.733	115.667	水稻土	一季稻	5月20日
58407	黄石	湖北	30.233	115.033	红壤	一季稻	6月23日
57554	张家界桑植	湖南	29.400	110.167	黄壤	一季稻	5月20日
57562	常德石门	湖南	29.583	111.367	黄壤	早稻	6月20日
						晚稻	4月1日
57574	益阳南县	湖南	29.367	112.400	水稻土	早稻	4月10日
						晚稻	6月15日
57584	岳阳	湖南	29.383	113.083	水稻土	一季稻	5月20日
57649	湘西吉首	湖南	28.317	109.733	黄壤	一季稻	3月27日
57655	怀化沅陵	湖南	28.467	110.400	黄壤	一季稻	3月27日

区站号	台站名	省份	纬度/(°)	经度/(°)	土壤类型	水稻种类	适宜播期
57662	常德	湖南	29.050	111.683	水稻土	早稻	4 月 1 日
						晚稻	6 月 25 日
57669	益阳安化	湖南	28.383	111.217	黄壤	早稻	4 月 10 日
						晚稻	6 月 15 日
57671	益阳沅江	湖南	28.850	112.367	红壤	早稻	4 月 10 日
						晚稻	6 月 15 日
57679	长沙	湖南	28.200	113.083	水稻土	早稻	3 月 25 日
						晚稻	6 月 20 日
57682	岳阳平江	湖南	28.717	113.567	红壤	一季稻	5 月 20 日
57745	怀化芷江	湖南	27.450	109.683	红壤	一季稻	5 月 20 日
57765	益阳雪峰山	湖南	27.333	110.417	黄壤	一季稻	5 月 20 日
57766	邵阳	湖南	27.233	111.467	红壤	早稻	3 月 25 日
						晚稻	6 月 20 日
57774	娄底双峰	湖南	27.450	112.167	红壤	早稻	3 月 25 日
						晚稻	6 月 20 日
57776	衡阳南岳	湖南	27.300	112.700	红壤	早稻	3 月 30 日
						晚稻	6 月 15 日
57845	怀化通道	湖南	26.167	109.783	黄壤	一季稻	3 月 27 日
57853	邵阳武冈	湖南	26.733	110.633	黄壤	早稻	3 月 25 日
						晚稻	6 月 20 日
57866	永州零陵	湖南	26.233	111.617	红壤	早稻	3 月 25 日
						晚稻	6 月 20 日
57872	衡阳	湖南	26.900	112.600	红壤	早稻	3 月 30 日
						晚稻	6 月 15 日
57965	永州道县	湖南	25.533	111.600	黄壤	早稻	3 月 25 日
						晚稻	6 月 20 日
57972	郴州	湖南	25.800	113.033	黄壤	早稻	4 月 1 日
						晚稻	7 月 1 日
58027	徐州	江苏	34.283	117.150	潮土	一季稻	5 月 15 日
58040	赣榆	江苏	34.833	119.117	潮土	一季稻	5 月 15 日
58138	盱眙	江苏	32.983	118.517	水稻土	一季稻	5 月 15 日
58144	淮阴	江苏	33.600	119.033	潮土	一季稻	5 月 15 日
58150	射阳	江苏	33.767	120.250	潮土	一季稻	5 月 15 日
58238	南京	江苏	32.000	118.800	水稻土	一季稻	5 月 11 日
58241	高邮	江苏	32.800	119.450	水稻土	一季稻	5 月 14 日
58251	东台	江苏	32.867	120.317	水稻土	一季稻	5 月 15 日

续表

区站号	台站名	省份	纬度/(°)	经度/(°)	土壤类型	水稻种类	适宜播期
58259	南通	江苏	31.983	120.883	水稻土	一季稻	5月15日
58265	吕泗	江苏	32.067	121.600	水稻土	一季稻	5月15日
58343	常州	江苏	31.883	119.983	水稻土	一季稻	5月15日
58345	溧阳	江苏	31.433	119.483	水稻土	一季稻	5月15日
58358	吴县东山	江苏	31.067	120.433	水稻土	一季稻	5月15日
57598	九江修水	江西	29.033	114.583	黄棕壤	一季稻	3月30日
57793	宜春	江西	27.800	114.383	黄棕壤	一季稻	3月30日
57799	吉安	江西	27.050	114.917	红壤	一季稻	3月30日
57883	上饶宁岗	江西	26.717	113.967	红壤	一季稻	3月30日
57896	吉安遂川	江西	26.333	114.500	红壤	一季稻	3月30日
57993	赣州	江西	25.867	115.000	红壤	一季稻	3月30日
58506	九江庐山	江西	29.583	115.983	红壤	一季稻	3月30日
58519	上饶波阳	江西	29.000	116.683	红壤	一季稻	3月30日
58527	景德镇	江西	29.300	117.200	红壤	一季稻	3月30日
58606	南昌	江西	28.600	115.917	水稻土	一季稻	3月30日
58608	宜春樟树	江西	28.067	115.550	红壤	一季稻	3月30日
58626	鹰潭市贵溪	江西	28.300	117.217	红壤	一季稻	3月30日
58634	上饶玉山	江西	28.683	118.250	红壤	一季稻	3月30日
58715	抚州南城	江西	27.583	116.650	红壤	一季稻	3月30日
58813	广昌	江西	26.850	116.333	红壤	一季稻	3月30日
59102	赣州寻鸟	江西	24.950	115.650	红壤	一季稻	3月30日
58445	天目山	浙江	30.350	119.417	红壤	一季稻	5月20日
58457	杭州	浙江	30.233	120.167	水稻土	一季稻	5月20日
58464	平湖	浙江	30.617	121.083	水稻土	一季稻	5月20日
58467	慈溪	浙江	30.200	121.267	红壤	一季稻	5月20日
58549	金华	浙江	29.117	119.650	红壤	一季稻	5月22日
58556	嵊县	浙江	29.600	120.817	红壤	一季稻	5月22日
58562	鄞县	浙江	29.867	121.567	红壤	一季稻	5月22日
58633	衢州	浙江	29.000	118.900	红壤	一季稻	5月22日
58646	丽水	浙江	28.450	119.917	红壤	一季稻	5月22日
58647	龙泉	浙江	28.067	119.133	红壤	一季稻	5月22日
58653	括苍山	浙江	28.817	120.917	红壤	一季稻	5月22日
58659	温州	浙江	28.033	120.650	水稻土	一季稻	5月20日
58665	洪家	浙江	28.617	121.417	红壤	一季稻	5月20日

4.3.3 模型本地化构建

4.3.3.1 天气发生器气象数据模拟

选用 BCC/RCG-WG 天气发生器对长江中下游地区 6 省份站点的气象数据进行逐日模拟，模拟 100 次未来逐日气象数据模拟结果。通过对比各气象要素实测与模拟的年均值、月均值决定系数、相对误差以及降水量在各阈值内的占比等评价天气发生器的模拟效果。

从表 4.16 及图 4.12 可以看出，天气发生器模拟各气象要素年均值的标准均方根误差和相对误差均在 10% 以内，决定系数均在 0.6 以上。表明 BCC/RCC-WG 天气发生器在长江中下游地区对各气象要素年均值的模拟效果较好。降水量、最低气温和最高气温的相对误差在 5% 以内，表明 BCC/RCC-WG 天气发生器对降水量和气温年均值的模拟结果较好。

表 4.16 长江中下游地区各气象站点气象要素模拟与实测年均值对比

统计指标	降水量	最高气温	最低气温	日照时数	相对湿度	平均风速
均方根误差	102.105	1.202	0.695	108.327	4.017	0.142
标准均方根误差	7.5	5.8	5.4	6.7	5.5	7.4
平均相对误差	4.517	4.306	3.629	5.535	5.354	5.204
决定系数	0.900	0.827	0.897	0.630	0.982	0.988

本书分析了长江中下游地区各气象要素月均值的均方根误差、标准均方根误差、平均相对误差以及决定系数等统计量（表 4.17 和图 4.13），从表 4.17 及图 4.13 可以看出，相比于其他气象要素，相对湿度和平均风速的平均相对误差在 3% 以内，其次是最低气温和最高气温的平均相对误差在 10% 以内，日照时数的平均相对误差为 15%。月平均降水量、最高气温、最低气温、日照时数、相对湿度以及平均风速的决定系数分别为 0.910、0.961、0.972、0.710、0.707 以及 0.993。整体而言，天气发生器对于各气象要素的年均值、月均值的模拟效果较好，各统计评价指标误差均在可接受的范围之内。

表 4.17 长江中下游各气象站点气象要素模拟与实测月均值对比

统计指标	降水量	最高气温	最低气温	日照时数	相对湿度	平均风速
均方根误差	24.3	1.67	1.48	35.48	1.896	0.074
标准均方根误差	0.201	0.078	0.112	0.255	0.025	0.038
平均相对误差	14.72	5.13	9.61	15.55	2.24	2.91
决定系数	0.910	0.961	0.972	0.710	0.707	0.993

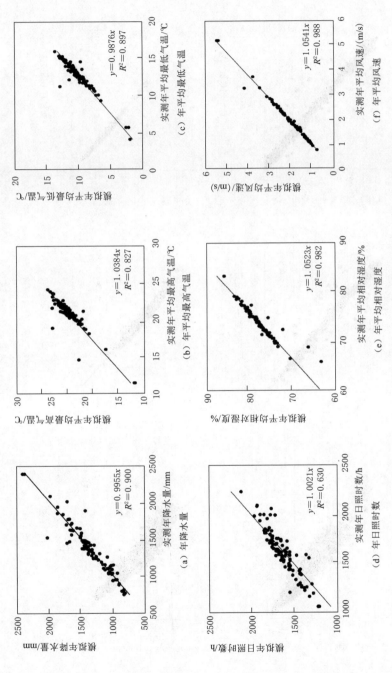

图 4.12 天气发生器模拟各气象要素年值与实测值对比

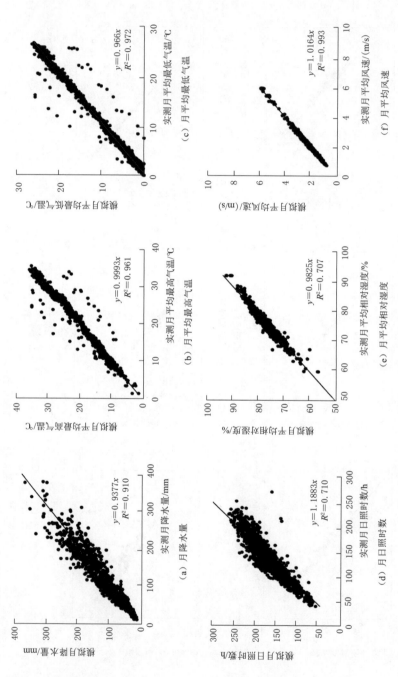

图 4.13 天气发生器模拟各气象要素月均值对比

4.3.3.2　APSIM 模型参数结果及验证

APSIM 模型中的 ORYZA 模块与 ORYZA2000 模型的原理是一致的[107-109]，因此仍然利用 APSIM 模型完成水稻的生长模拟。将从中国气象局获取的安徽省、湖南省、湖北省全国农气站点的水稻生育期观测数据用于 APSIM 模型参数的率定，对各农气站点水稻的生育期及产量分别进行模拟。根据各省份水稻种植情况，对一季稻、早稻和晚稻进行水稻生育期参数率定。APSIM 模型模拟水稻生育期与实测生育期对比，如图4.14～图4.18所示。研究时段分别选取播种到开花的天数以及全生育期天数，结果表明，安徽省和湖北省一季稻模拟的开花天数和全生育期天数与实测数据的决定系数均在 0.6 以上。湖南省一季稻模拟的开花天数与实测数据的决定系数大于 0.6，模拟全生育期天数效果较差。对于湖南省早稻和晚稻，模拟的开花天数和全生育期天数与实测数据的决定系数均在 0.5 以上。整体来说，APSIM 模型在模拟长江中下游各省份水稻生长中具有适用性。

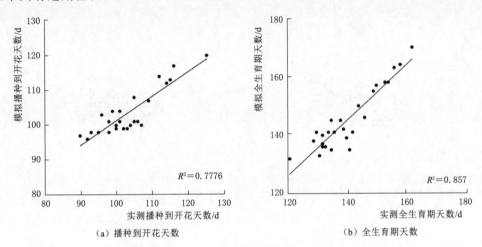

（a）播种到开花天数　　　　　　　（b）全生育期天数

图 4.14　安徽省一季稻 APSIM 模型模拟生育期与实测生育期对比

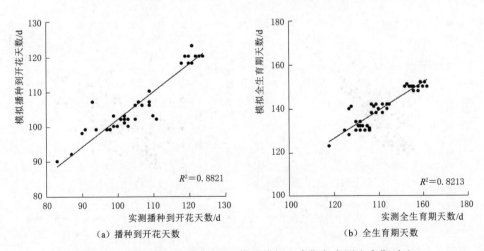

（a）播种到开花天数　　　　　　　（b）全生育期天数

图 4.15　湖北省一季稻 APSIM 模型模拟生育期与实测生育期对比

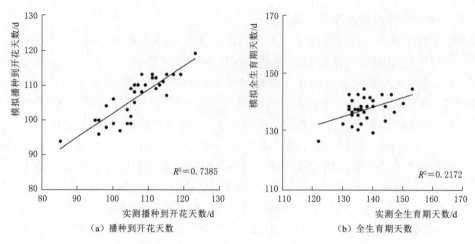

（a）播种到开花天数   （b）全生育期天数

图 4.16 湖南省一季稻 APSIM 模型模拟生育期与实测生育期对比

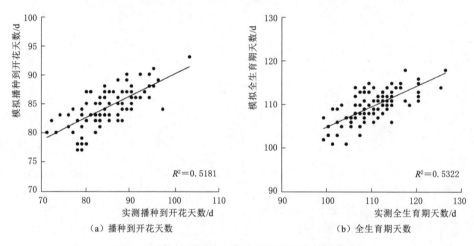

（a）播种到开花天数   （b）全生育期天数

图 4.17 湖南省早稻 APSIM 模型模拟生育期对比

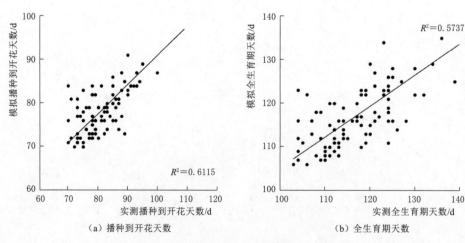

（a）播种到开花天数   （b）全生育期天数

图 4.18 湖南省晚稻 APSIM 模型模拟生育期对比

4.3.3.3 农业旱灾风险动态评估方案

长江中下游地区水稻种植一般分为一季稻和两季稻，其中一季稻的种植时间在 5 月 15 日左右；两季早稻的种植时间一般在 3 月下旬，收获时间大致在 7 月中旬；晚稻的种植时间一般在 6 月下旬，收获时间大约在 10 月中下旬。为了实现各地区的可对比性，在选取农业旱灾风险动态评估时段时，分别对一季稻和两季稻进行评估。

根据水稻的种植方式，将长江中下游地区分为一季稻种植区和两季稻种植区。选用 BCC/RCG-WG 天气发生器对长江中下游 6 省份站点气象数据进行逐日模拟，用 100 次逐日气象数据模拟结果表示未来干旱演变的随机变化。根据一季稻和两季稻的种植时间及生育期，评估水稻生育期内农业旱灾风险动态变化。其中，一季稻评估时段为 5 月 1 日至 9 月 18 日，以周为步长评估农业旱灾风险；早稻评估时段为 4 月 1 日至 7 月 15 日，晚稻评估时段为 6 月 20 日至 10 月 10 日，同样是以周为步长评估农业旱灾风险。因旱损失评估与农业旱灾风险动态评估时段一致。

4.3.4 长江中下游地区农业旱灾风险动态评估

4.3.4.1 典型干旱年事件选取

2019 年 7 月下旬至秋季，长江中下游地区发生了近 50 年来历史同期最严重的伏秋连旱，给农业及社会经济等造成了严重损失。据统计，长江中下游地区 6 省份农作物因旱受灾面积 3304 万亩，粮食减产 126 万 t。7 月 20 日至 11 月 30 日，湖北省东部、安徽省南部、湖南省东部、江西省、浙江省西南部等地降水量偏少 50%～80%，江西省东部降水量偏少 80% 以上。鉴于 2019 年长江中下游地区干旱发生的范围、程度、造成的影响及损失等特点，选取 2019 年为长江中下游地区典型干旱年份，研究 2019 年水稻生育期内的农业旱灾风险动态变化。

2019 年 7—10 月长江中下游地区降水量及降水距平百分率见表 4.18，可以看出 7 月各站点平均降水距平百分率为 25.8%，但到了 8 月和 9 月降水距平百分率明显减少，部分站点降水量比平时偏少 90%。

表 4.18　2019 年 7 月 1 日至 10 月 30 日长江中下游地区 6 省份降水量及降水距平百分率

时　　段	7 月	8 月	9 月	10 月
降水量/mm	209.2	108.1	40.5	55.9
多年平均降水量/mm	181.9	148.6	92.3	64.7
月降水距平百分率/%	25.8	−32.3	−60.0	−19.1

2019 年长江中下游地区的干旱发生于 7 月汛期之后，干旱程度较为严重，是明显的"涝旱急转"事件。7 月中下旬之后，江苏省徐州市与安徽省宿州市发生中旱且受旱面积不断扩大。7 月下旬之后，安徽省北部以及湖北省东部和西部发生大面积中旱及以上等级干旱，其中安徽省蚌埠市、亳州市、淮南市，湖北省武汉市与黄冈市接壤地区发生重旱，随后重旱及以上干旱等级面积扩大，同时湖北省随州市、孝感市，安徽省北部干旱程度减轻。8 月中旬之后，湖北省东部出现大面积中旱，江西省东部以及湖南省中部、东部发生

中旱及以上等级干旱。其中，湖南省娄底市、湘潭市、衡阳市交界地区、永州市、郴州市，江西省宜春市、抚州市、景德镇市等地发生重旱及以上干旱，之后干旱向西部和东部转移，湖北省西部大部分地区发生中旱、北部出现重旱，安徽省西部也出现中旱，重旱地区的面积也有所减少。9 月末及 10 月初，长江中下游地区旱情呈明显加重趋势，整个长江中下游地区的西部、中部发生重度及以上等级干旱，重旱地区覆盖了湖北省北部以及安徽省西北部，其中湖北省东部地区发生特大干旱，随后旱情向长江中下游东部转移，整体呈现出长江中下游地区旱情从西南到东北逐渐加重的趋势，江西省和安徽省部分地区发生特大干旱，干旱较严重。10 月中旬之后，特大干旱地区向南部转移，整个长江中下游地区的中西部旱情减轻，湖北省旱情明显减轻，全省基本处于中旱以下。到 10 月下旬，长江中下游地区中西部旱情持续减轻，长江中下游西部和东部地区已基本无旱，中部地区干旱较为严重。到 10 月底旱情逐渐减轻，除中部地区发生中旱及重旱外，长江中下游西部和东部地区基本无旱，整个长江中下游地区中旱以上旱情地区面积又有所减少。

4.3.4.2　农业旱灾风险动态评估结果

根据早稻和晚稻种植时间及生育期的不同，对长江中下游地区分区域、分时段评估。其中，一季稻的种植时间大致在 4 月底至 5 月初，收获时间大致在 9 月中下旬，故一季稻的产量因旱损失评估及农业旱灾风险动态评估的起始时间选择在 5 月 1 日，评估终止日期在 9 月 18 日，以周为步长滚动评估，基本涵盖一季稻的整个生育期。

根据相关资料及文献确定湖南省部分地市种植双季稻品种，对于早稻品种，其种植时间大致在 3 月底至 4 月初，收获时间在 7 月中旬，农业旱灾风险动态评估的起始日期选择在 4 月 1 日，评估终止日期在 7 月 15 日，以周为步长滚动评估。对于晚稻品种，其种植时间大致在 6 月下旬，收获时间在 10 月中旬，故因旱减产损失评估及农业旱灾风险动态评估起始日期选择在 6 月 20 日，评估终止日期在 10 月 10 日，以周为步长滚动评估，所选时段基本涵盖早稻和晚稻的整个生育期。水稻模型参数设置主要包括土壤参数、种植及移栽时间、施肥时间和施肥量等，其中一季稻移栽时间一般为 35d。

为评估一季稻生育期内农业旱灾风险动态变化，本书计算了 2019 年长江中下游地区除湖南省外其余 5 省 5 月 1 日至 9 月 18 日以周为步长的农业旱灾风险值（图 4.19）。从图 4.19 可以看出，2019 年 5 月 1 日，整体上各个省份的旱灾风险较高，其中旱灾风险等级最高的地区为湖北省东部、中部和北部，江西省西南部大部分地区，浙江省南部以及安徽省中西部部分地区，这些地区的旱灾风险值均大于 0.4，持续至 6 月初，旱灾风险变化不大；之后浙江省南部旱灾风险向西北转移，安徽省南部黄山市旱灾风险等级上升；6 月末，江西省中部、浙江省南部旱灾风险等级最高的区域面积大大减少，旱灾风险等级最高的地区为湖北省北部，江西省中部和南部部分地区，安徽省巢湖市、马鞍山市和芜湖市的交界处，以及浙江省的衢州市、绍兴市和金华市；7 月初，旱灾风险整体变化不大，江西省南部新增风险较高的地区有南昌市和鹰潭市，浙江省衢州市和绍兴市的旱灾风险等级下降；7 月中旬，旱灾风险最高的地区为湖北省北部和安徽省西部，且在 7 月末旱灾风险向东部扩散，旱灾风险等级最高的地区面积变大；8 月中旬，

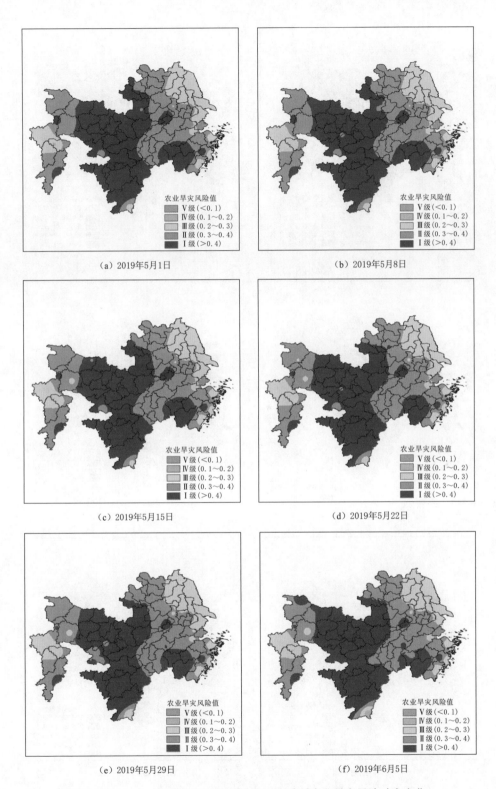

（a）2019年5月1日

（b）2019年5月8日

（c）2019年5月15日

（d）2019年5月22日

（e）2019年5月29日

（f）2019年6月5日

图 4.19（一） 2019 年长江中下游地区一季稻农业旱灾风险动态变化

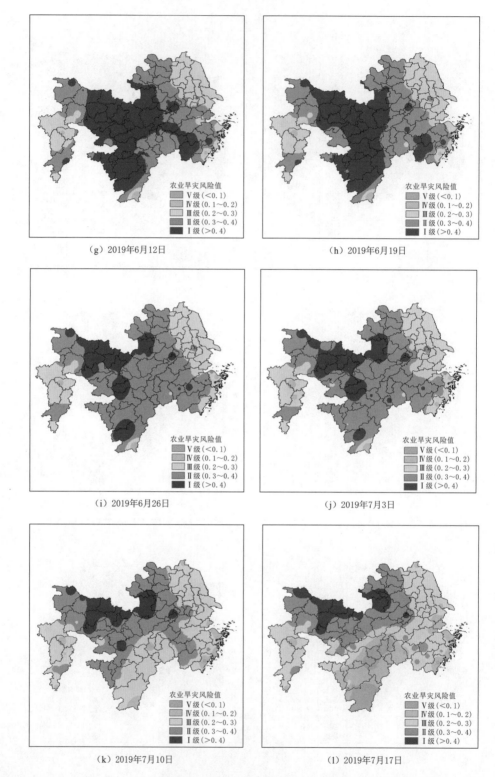

图 4.19（二）　2019 年长江中下游地区一季稻农业旱灾风险动态变化

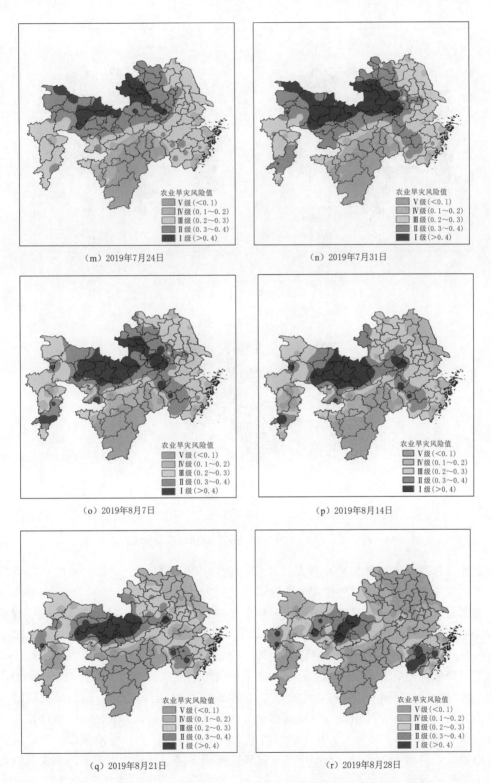

图 4.19（三） 2019 年长江中下游地区一季稻农业旱灾风险动态变化

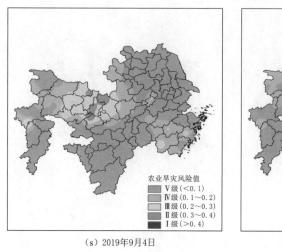

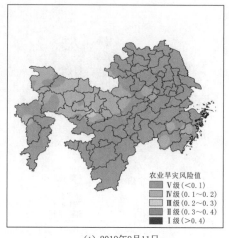

（s）2019年9月4日　　　　　　　　　　　　　（t）2019年9月11日

（u）2019年9月18日

图 4.19（四）　2019 年长江中下游地区一季稻农业旱灾风险动态变化

安徽省西部和湖北省北部旱灾风险最高等级的地区面积减少，之后旱灾风险等级慢慢下降，到 9 月中旬，各个省份的旱灾风险较低。

湖南省部分地区分为早稻和晚稻，早稻生育期为 4 月 1 日至 7 月 15 日，该生育期内未发生明显的气象干旱（图 4.20）。4 月初，整个湖南省旱灾风险等级较高，其中旱灾风险等级最高的为衡阳市大部分地区，4 月中旬旱灾风险基本不变，但邵阳市西南地区旱灾风险等级降低，随后升高，直到 4 月末，除了郴州市旱灾风险等级升高外，其余地区与 4 月初旱灾风险等级一致；5 月初，常德市中部旱灾风险等级有所下降，随后旱灾风险等级下降面积增大，直到 6 月中旬，下降面积扩散到常德市、益阳市、长沙市、娄底市、邵阳市以及永州市西部；6 月下旬，旱灾风险等级下降面积持续扩大，但衡阳市的旱灾风险等级依旧较高，但到了 7 月初，衡阳市的旱灾风险等级下降，且整个湖南省的旱灾风险均处于一个较低的等级。

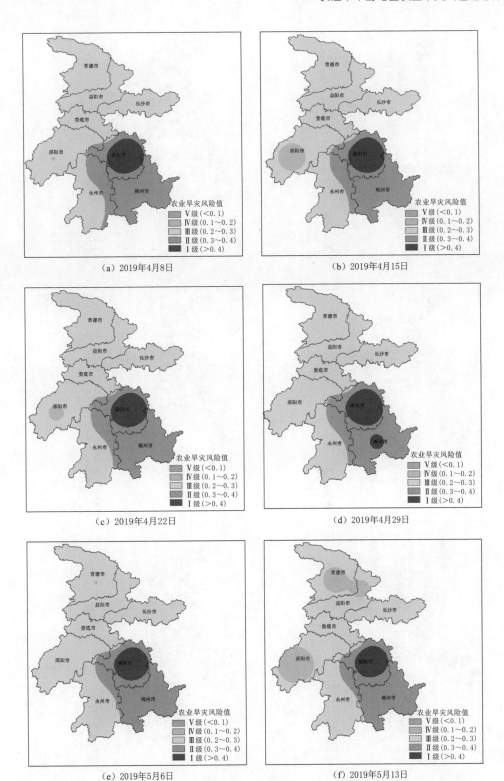

（a）2019年4月8日

（b）2019年4月15日

（c）2019年4月22日

（d）2019年4月29日

（e）2019年5月6日

（f）2019年5月13日

图4.20（一） 2019年湖南省早稻农业旱灾风险动态变化

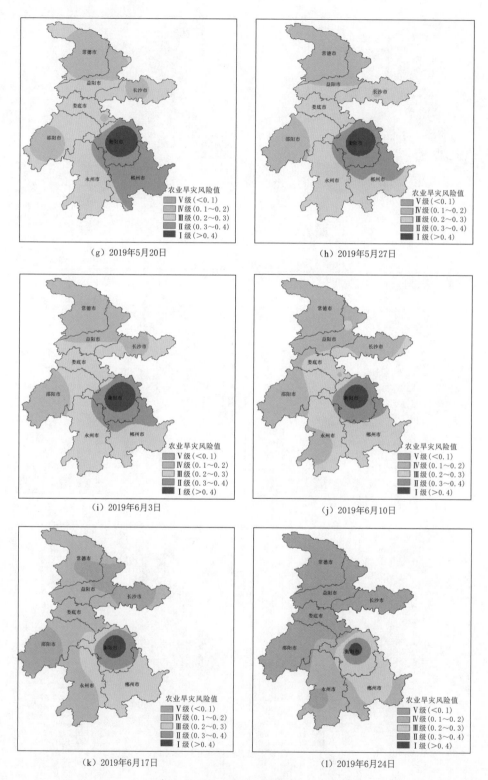

（g）2019年5月20日 　　（h）2019年5月27日

（i）2019年6月3日 　　（j）2019年6月10日

（k）2019年6月17日 　　（l）2019年6月24日

图 4.20（二） 2019 年湖南省早稻农业旱灾风险动态变化

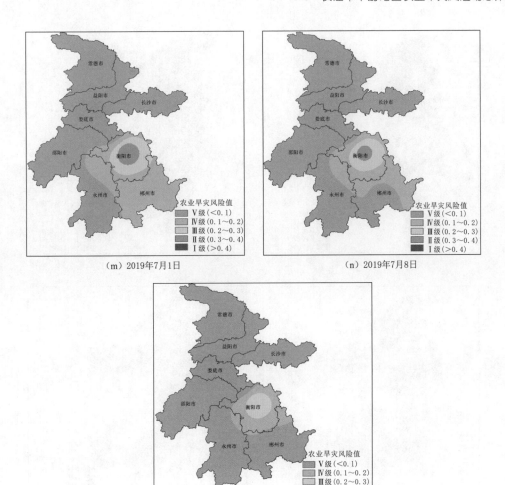

（m）2019年7月1日　　　　　　　（n）2019年7月8日

（o）2019年7月15日

图4.20（三）　2019年湖南省早稻农业旱灾风险动态变化

晚稻生长时段为6月20日至10月10日，如图4.21所示，6月下旬，湖南省整体旱灾风险值较高，旱灾风险等级最高的地区为常德市大部分地区、益阳市东北部以及娄底市东南部；7月初，娄底市东南部旱灾风险等级由高下降到中高，且常德市西部的旱灾风险等级下降，随后，旱灾风险等级最高的区域面积在不断减小，常德市中部、衡阳市西南部及中部的旱灾风险等级均有所降低；但是到了8月中旬，常德市原有较低旱灾风险值的地区风险上升，8月末，郴州市中部大部分地区旱灾风险等级有所下降，且随后这种趋势向西北地区蔓延，直到9月中旬，邵阳市、永州市、衡阳市以及郴州市的旱灾风险均达到一个较低的等级，且旱灾风险较高的区域面积也有所减少；9月末，只有常德市中部和长沙市中部旱灾风险较高，邵阳市、永州市、衡阳市以及郴州市的旱灾风险变化不大，但随后益阳市的旱灾风险上升，其中益阳市东北部旱灾风险等级升至最高值，且衡阳市北部旱灾风险等级有所下降；10月中旬，益阳市原有的旱灾风险等级较高的地区面积增大，但湖南省整体基本处于一个旱灾风险等级较低的状态。

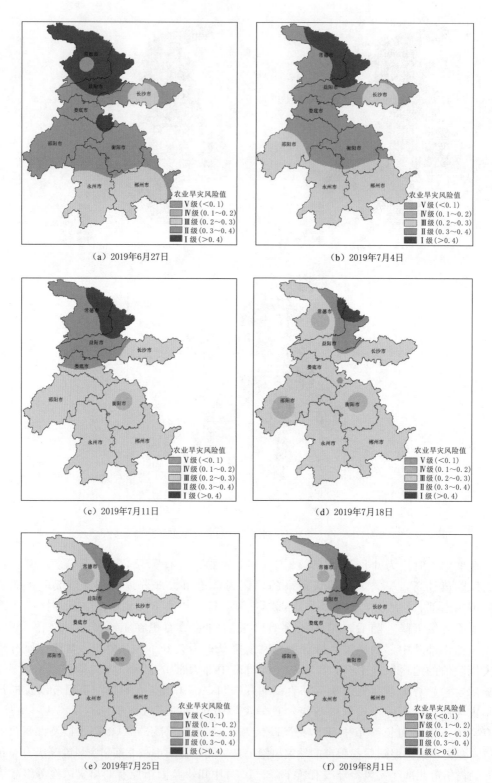

（a）2019年6月27日　　　　　　（b）2019年7月4日

（c）2019年7月11日　　　　　　（d）2019年7月18日

（e）2019年7月25日　　　　　　（f）2019年8月1日

图 4.21（一）　2019 年湖南省晚稻农业旱灾风险动态变化

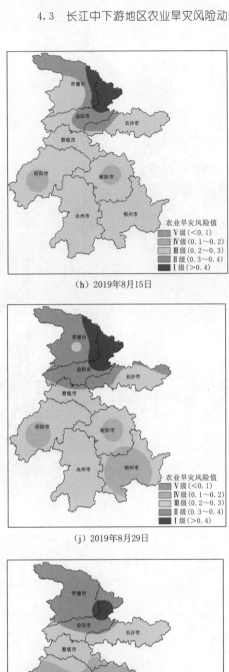

（g）2019年8月8日

（h）2019年8月15日

（i）2019年8月22日

（j）2019年8月29日

（k）2019年9月5日

（l）2019年9月12日

图4.21（二） 2019年湖南省晚稻农业旱灾风险动态变化

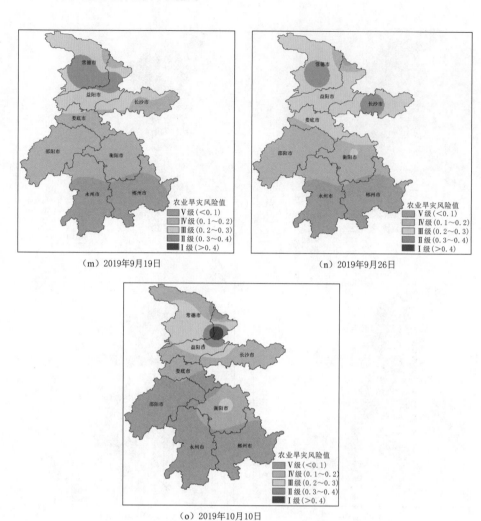

（m）2019年9月19日　　　　　　　　　　（n）2019年9月26日

（o）2019年10月10日

图 4.21（三）　2019 年湖南省晚稻农业旱灾风险动态变化

第 5 章

城市因旱缺水风险动态评估技术及应用

5.1 城市因旱缺水风险动态评估技术框架

5.1.1 总体技术方案

本节以典型调查、数值模拟为关键支撑，按照"实地调研与资料收集—基于水位流量指标的干旱分析—干旱损失模拟模型构建—示范区应用与规律分析"的总体思路开展研究（图 5.1）。

1. 实地调研与资料收集

基于野外调研和已有历史资料的收集，整理研究区降水量、气温、径流量、水位及旱灾损失统计等资料，为河道水面线计算、来水量计算、干旱指数计算和模型构建提供基础数据和依据。

2. 基于水位流量指标的干旱分析

根据研究区水源结构，将城市划分成不同水源区。针对河道径流型水源区，依据取水口核查、典型调查得到的主要取水口高程分布情况，结合水文站逐日水位资料，计算不同等级的干旱临界水位，同时根据上游来水量、生态需水量和下游综合需水量，计算干旱临界流量；结合干旱临界水位、干旱临界流量成果和区域需水计算成果，计算城市干旱指数。对于水库蓄水型水源区，在上游来水量、蓄水量、取水口高程等资料具备的条件下，根据坝址上游来水量、坝下最小下泄流量、蓄水量状态，计算水库蓄水及可供水量变化，结合水库水位-库容曲线，得到基于水量平衡的干旱临界水位，同时参考取水口高程、水库特征水位，得到水库型水源城市干旱指数。在资料较缺乏情况下，通过历史降水、供需平衡成果，建立前期 3 个月 SPI 指数与干旱缺水量的函数关系，由降水亏缺资料计算城市干旱指数。

3. 干旱损失模拟模型构建

采用经济学领域的 HARA 函数反映经济效益随用水量的变化关系，进而得到不同行业领域缺水量-损失响应关系，在此基础上，构建区域因旱损失模拟模型；依据效益分配、抗旱定额等方法，实现干旱缺水量在各用水领域间的配置，进而得到区域总干旱损失。

4. 示范区应用与规律分析

长株潭城市群（指湖南省长沙、株洲、湘潭三市）、楚雄彝族自治州（以下简称"楚雄州"）、大连市示范区，分别位于我国的长江中下游地区、西南地区、东北地区。本书采

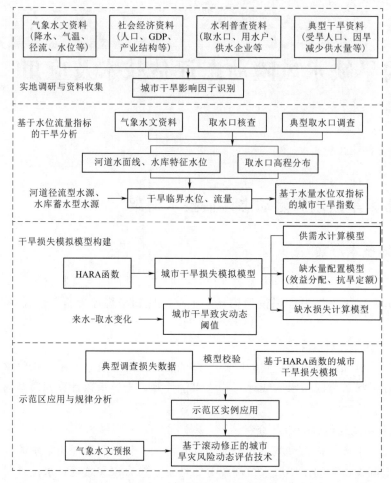

图 5.1　研究技术路线框图

用城市因旱损失模型对不同干旱指数下的区域效益损失进行定量模拟，并利用典型调查损失数据对模型进行校验和参数修正；结合气象水文滚动预报结果，研究不同类型产业对于不同来水亏缺情景的动态响应特点，揭示由降水径流亏缺→城市供水短缺→产业损失→干旱风险的过程变化规律，总结形成城市因旱缺水风险动态评估技术。

5.1.2　关键技术环节

5.1.2.1　气象水文预报模型

根据气象水文要素预报结果，结合干旱定量化评价模型，可对预见期内的干旱事件进行预测。其中，气象水文预报采用三层反向传播（back propagation，BP）神经网络，三层 BP 神经网络拓扑结构图如图 5.2 所示。

设输入层有 n 个神经元 x_i，隐层有 z 个神经元，输入单元 i 到隐单元 j 的权重是 v_{ij}，而隐单

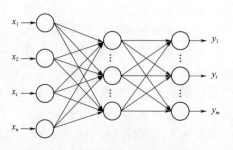

图 5.2　三层 BP 神经网络拓扑结构图

元 j 到输入单元 i 的权重是 w_{jk}，输出单元和隐单元的阈值分别是 θ_j 和 φ_k。

$$h_j = f\left(\sum_{i=0}^{n-1} v_{ij} x_i - \theta_j\right) \tag{5.1}$$

输出单元的输出为

$$y_j = f\left(\sum_{j=0}^{z-1} w_{ik} h_j - \varphi_k\right) \tag{5.2}$$

在训练阶段使用反向传播学习算法。给定一个学习样本（X，Y），其中 $T=(t_1$，t_2，$\cdots$，t_k）是输入为 X 时的目标输出，网络实际输入为 $Y=(y_1$，y_2，$\cdots$，y_k），通过对样本的学习来调节网络的权值。

网络对样本进行训练的具体步骤可分为：

（1）提供训练样本集。

（2）将各权重 v_{ij} 和 w_{jk} 及阈值设置为一小的随机数。

（3）从训练样本集中取一样本，计算隐单元的输出向量（h_1，h_2，$\cdots$，h_k）和最终输出向量（y_1，y_2，$\cdots$，y_k）。

（4）将输出向量 $\mathbf{y}_k$ 与目标向量 $\mathbf{t}_k$ 进行比较，计算出各输出误差项 δ_k 和隐单元误差项 δ_k^*。

$$\begin{cases} \delta_k = (t_k - y_k) y_k (1 - y_k) \\ \delta_k^* = h_j (1 - h_j) \sum_{k=0}^{m-1} \delta_k w_{jk} \end{cases} \tag{5.3}$$

（5）依次计算出各权重的调整值。

$$\begin{cases} \Delta w_{jk}(n) = \eta \delta_k h_j \\ \Delta v_{ij}(n) = \eta \delta_k^* x_j \end{cases} \tag{5.4}$$

式中：η 为学习率，是一个控制学习速度的正常数。

（6）调整权重。

$$\begin{cases} w_{jk}(n+1) = w_{jk}(n) + \Delta w_{jk}(n) + \mu \Delta w_{jk}(n-1) \\ v_{ij}(n+1) = v_{ij}(n) + \Delta v_{ij}(n) + \mu \Delta v_{ij}(n-1) \end{cases} \tag{5.5}$$

式中：μ 为惯性系数，用来加快算法的收敛速度。

（7）返回第（3）步，重新进行计算，直到输出结果与预期结果的误差变化值在事先设定的范围内。此时可以终止学习训练工作，并将当前的权重作为网络估计模型的参数固定下来。

$$E = \frac{1}{2} \sum_{p_1=1}^{p} \sum_{i=0}^{m-1} (t_l^{p1} - y_l^{p1})^2 \tag{5.6}$$

式中：p 为学习样本数；m 为输出值个数。

5.1.2.2　城市干旱指数构建及识别模型

以来水量减少引起的供水短缺反映城市干旱的综合特征，以河道水位、水库水位降低或人为因素产生的取水困难反映城市干旱的指示性特征，构建城市干旱指数，具体计算过程如下。

1．可供水量计算

城市供水水源工程大致可分为蓄、引、提、调等类型，其中蓄水工程和引水工程的可供水量主要取决于前期降水量的多少，河道提水工程的可供水量主要取决于当前径流量的大小。因此，针对不同供水水源的城市地区，需采取不同方法计算其可供水量。

对于以过境地表径流为主要水源的城镇地区，干旱期间的可供水量直接取决于河道径流量的大小，与前期径流量的关系不大，同时考虑供水设施的取水能力，干旱期间可供水量计算公式为

$$Q_d = \min(Q_c, Q_{in} - Q_{down} - Q_{en}) \tag{5.7}$$

式中：Q_d 为干旱期间可供水量；Q_c 为区域水利工程取水能力；Q_{in} 为当前上游来水量；Q_{down} 为下游综合需水量；Q_{en} 为区间河道生态环境需水量。

对于以本地蓄水工程为主要水源的城市地区，其干旱期间可供水量同时取决于当前降水量以及前期降水带来的蓄水量，可在计算年可供水量基础上，根据可供水年内分配系数计算得到干旱期间可供水量。

2. 需水量计算

城市需水主要包括工业、建筑业、第三产业、居民生活需水等，干旱期间城镇正常需水量与人口、产业产值、气温、干旱月份等直接相关，即

$$W_n = PC_p f_1(T) + \sum Y_i C_{yi} f_i(T) \tag{5.8}$$

式中：W_n 为正常需水量；P 为人口数量；C_p 为人均居民正常用水量；Y_i 为第 i 产业的产值；C_{yi} 为单位产值正常用水量；$f_i(T)$ 为正常用水量的年内变化系数，主要依据居民生活用水、各类型产业不同季节用水量变化规律，采用历史用水统计资料率定得到；T 为干旱月份。

3. 干旱临界水位计算

建立城市水源干旱临界水位研究的计算公式模型：

$$Z_{dr}(x) = \max[Z_{水位}(x), Z_{流量}(x)] \tag{5.9}$$

式中：Z_{dr} 为干旱临界水位；x 为缺水率；$Z_{水位}(x)$ 为采用水位指标计算出的一定缺水比例下的河道水位；$Z_{流量}(x)$ 为采用水量指标计算出的一定缺水率下的河道水位（采用水位-流量关系曲线，将干旱下的河道流量转换为河道水位）。

本书依据因旱取水困难带来的实际缺水量比例，将干旱临界水位划分成无旱、轻旱、中旱、重旱和特旱 5 个等级。

4. 干旱临界流量计算

基于水量平衡原理，依据不同来水频率下各月份的可供水量和正常需水量的差值得到各月份的缺水量，进而得到缺水率，类似上述干旱临界水位划分标准，依据缺水率得到不同干旱等级下的干旱临界流量。针对河道径流、水库蓄水两种水源类型，采用不同的公式计算可供水量，河道径流型可供水量为上游来水量扣除下游综合需水量、河道生态需水量后，与工程取水能力两者取最小值；而水库蓄水型水源，可供水量的计算采用由前期 3 个月 SPI 指数与水库可供水量关系曲线（根据历史序列资料率定得到），依据前期降水量累积情况得到水库蓄水的可供水量。

5. 城市干旱指数计算

综合水位、流量两类指示性指标，可构建城市干旱指数，为干旱识别提供基础。

$$Q_{ws} = \min(Q_c, Q_{in} - Q_{down} - Q_{en}) \tag{5.10}$$

$$W_{wr} = PC_p f_1(T) + \sum Y_i C_{yi} f_i(T) \tag{5.11}$$

$$CWSI_Q = (Q_{ws} - W_{wr})/W_{wr} \tag{5.12}$$

$$CWSI_Z = -V_{ws}/V_{al} \tag{5.13}$$

$$CWSI = \min(CWSI_Q, CWSI_Z) \tag{5.14}$$

式中：$CWSI$ 为城市干旱指数；$CWSI_Q$ 为基于水量指标（水量平衡原理）计算得到的缺水率；$CWSI_Z$ 为基于水位指标（取水口高程与河道水位的比较）计算得到的缺水率；V_{ws} 为发生取水困难取水口的缺水量；V_{al} 为取水口的正常总取水量。

5.1.2.3 城市因旱损失量化模型

为量化城市因旱缺水带来的产业损失值，构建用水效益函数 $U(W)$，以表达用水量与其经济效益间的关系。一般认为，效益函数应具有绝对效益随用水量递增、边际效益随用水量递减的特点。根据此特点，选择 HARA 函数作为模型的用水效益函数，HARA 函数是经济学领域广泛使用的效用函数，具有如下优点：①连续性，该函数在定义域内是可导的；②严格递增的凹函数，满足单调递增以及边际效用递减。HARA 函数的一般表达形式为

$$U(W_i) = \frac{1-\gamma}{\gamma}\left(\frac{\alpha W_i}{1-\gamma} + \beta\right)^{\gamma}, \gamma < 1, \beta \geqslant 0 \tag{5.15}$$

式中：α、β、γ 为参数，可通过调整参数取值表征不同的效益；W_i 为第 i 产业用水量；U 为用水效益。

由于干旱缺水量为正常需水量和实际用水量的差值，即 $S_i = N_i - W_i$，代入式（5.15）可得缺水损失与缺水量的函数关系为

$$C(S_i) = P - \frac{1-\gamma}{\gamma}\left(\frac{\alpha(N_i - S_i)}{1-\gamma} + \beta\right)^{\gamma}, \gamma < 1, \beta \geqslant 0 \tag{5.16}$$

式中：N_i 为第 i 产业正常需水量；S_i 为第 i 产业缺水量；C 为缺水损失；P 为正常需水量对应的总产值。

为描述缺水损失占正常年份地区总产值的比例，便于不同时空尺度间比较，拟定城市因旱缺水损失率的计算公式为

$$LI = \frac{\sum C(S_i)}{\sum P_i} \tag{5.17}$$

式中：LI 为城市因旱缺水损失率；$C(S_i)$ 为第 i 产业的干旱缺水损失；P_i 为第 i 产业的正常产值。

5.1.2.4 城市因旱缺水配置模型

目前，常用的干旱条件下不同行业水量分配方法包括按需比例分配法、效率分配法、产值分配法、优化模型等。本书基于 HARA 函数，提出效益最优的城市因旱缺水动态优化分配法，同时选取抗旱定额法作为对优化分配方法的比较验证。

1. 动态优化分配法

不同产业用水户对干旱缺水的敏感性存在较大差异，因此缺水量在不同产业用水户间的分配，将决定区域干旱总损失的大小，由于高耗水产业的单位用水量经济效益相对较低，在干旱缺水条件下，通过优先压缩控制高耗水行业用水量，可最大程度降低干旱带来

的损失。同时，城市抗旱预案给出了不同响应等级下各产业间的水量配置规则，体现了人为管理决策在水量配置中的作用。将用水项划分为重点工业用水、一般工业用水、建筑业及第三产业用水和居民生活用水等，则优化分配模型公式为

$$\begin{cases} \mathrm{Min}C = \sum C(S_i) \\ \text{满足} \sum S_i = S_a, 0 \leqslant S_i \leqslant N_i \end{cases} \tag{5.18}$$

式中：C 为区域总干旱损失；S_i 为第 i 产业缺水量；S_a 为区域总缺水量；N_i 为第 i 产业正常需水量。

2. 抗旱定额法

动态优化分配法主要依据不同产业损失敏感性差异，通过最优配置，使得干旱产生的经济社会损失最小。实际情况下，考虑到不同产业节水耗水、用水保障程度存在差异，在干旱条件下各类型用水户水量分配还取决于人为因素影响。为此，本书采用抗旱定额法对动态优化分配法得到的水量配置结果进行对比验证，即在不同等级干旱条件下，针对不同用水户，依据湖南省抗旱应急预案中针对干旱条件下不同行业用水的压减情况，结合水量分配方案成果、用水定额标准，综合确定干旱条件下的各行业配置用水定额，计算公式如下：

$$W'_{\mathrm{P}} = \frac{Q_a P C D_{\mathrm{P}}}{P C D_{\mathrm{P}} + Y C D_{\mathrm{Y}}} \tag{5.19}$$

$$W'_{\mathrm{Y}} = \frac{Q_a Y C D_{\mathrm{Y}}}{P C D_{\mathrm{P}} + Y C D_{\mathrm{Y}}} \tag{5.20}$$

式中：W'_{P} 为干旱缺水条件下，居民生活用水的配置水量；W'_{Y} 为生产用水的配置水量；Q_a 为可供水量；P 为城镇人口数量；CD_{P} 为居民生活抗旱用水定额；Y 为各类型产业的产值；CD_{Y} 为各类型产业的抗旱用水定额。

5.1.2.5 因旱缺水风险动态评估技术

由于城市因旱缺水发生频率较低，历史旱情资料较为缺乏，采用情景分析和典型干旱年验证相结合的方式，提出城市因旱损失动态评估方法。首先，设定不同干旱缺水情景（不同季节与不同缺水率的组合），计算对应的因旱损失累积曲线；选择典型干旱年，依据当前实时来水量变化，在多年平均损失累积曲线基础上进行动态修正，并根据实测因旱减少供水量等资料，对结果进行验证。城市干旱灾害风险动态评估技术路线如图 5.3 所示。

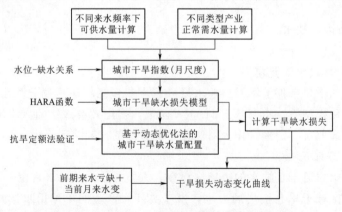

图 5.3 城市干旱灾害风险动态评估技术路线图

5.2 长株潭城市群因旱缺水风险动态评估

5.2.1 水位指标对于城市干旱评价的适用性研究

干旱指标是表征某一地区干旱程度的标准，常见的干旱指标包括：降水距平百分率、干湿指数、标准化径流指数、土壤含水率等。由于不同干旱指标选取的要素不同（降水、蒸发、径流、土壤含水量），在进行不同类型干旱评价时，各指标各具优劣。为选择最适宜的城市水源干旱评价指标，以长株潭城市群地表径流水源干旱为例，选取单月标准化降水指数（SPI）、单月标准化水位指数（以下简称"SZI"）、单月水资源短缺指数（以下简称"SSDI"）等干旱指标，研究不同指标对于不同类型干旱评价的适用性。

5.2.1.1 不同类型干旱指标计算方法

选取 SPI、SZI 和 SSDI 分别作为识别长株潭城市群气象干旱、水文干旱和农业干旱的单项指标，其中 SPI 和 SZI 已在气象、水文干旱评价中得到广泛应用，在进行水文干旱评价时，SZI 和 SRI（标准化径流指数）分别从水位取水困难、水量取水不足两种角度进行构建，其结果具有一致性。SPI 和 SZI 计算公式和干旱等级阈值可参考《气象干旱等级》（GB/T 20481—2017），上述各指标采用相同的等级划分标准，以月为计算尺度。

5.2.1.2 干旱识别及频率计算方法

考虑到干旱具有随时间缓慢发展，以及干旱的历时、烈度、范围等多种特征呈现累积变化效应的特点，采用游程理论识别干旱事件，并对场次干旱的历时和烈度进行评价。游程理论识别类似于阈值判别法，通过设定干旱指标阈值 R_0、R_1 和 R_2，可得出干旱历时、干旱烈度，并实现相邻干旱过程的合并、短时或轻微干旱过程的取舍判别。其中，干旱历时指干旱过程开始至结束所持续的时间；干旱烈度指干旱过程中干旱指标值与干旱阈值之差的累积和，因此当以月为时间尺度时，可计算得到年度或几个月的累积干旱烈度。

在干旱识别结果基础上，利用 Copula 函数分析干旱历时与烈度的联合分布特征，并计算干旱发生的频率和重现期，为干旱演变特征分析提供基础。计算公式为

$$F_{D,S}(d,s) = \exp\{-[(-\ln u)^{\theta} + (-\ln v)^{\theta}]^{1/\theta}\} \tag{5.21}$$

式中：θ 为参数，$\theta = 1/(1-\tau)$。

5.2.1.3 干旱指标与实际旱情的相关性分析

以长株潭城市群的 11 个县（市）单元为研究对象，采用基于游程理论的干旱识别方法（阈值 R_0、R_1、R_2 分别取 0、-0.5 和 -1.0），识别 11 个县（市）1961—2018 年基于 SPI、SZI、SSDI 三类指标的干旱事件，并统计出各指标的干旱历时，与《中国水旱灾害公报》《湖南省气象灾害监测公报》《湖南省抗旱规划》以及相关文献中记载的长株潭城市群实际干旱过程进行对比。以 2003 年为典型干旱年份，不同指标识别干旱过程结果对比见表 5.1。由表 5.1 可知，由于实际干旱过程更加关注致灾月份，理论上计算的干旱历时的时间跨度总体上大于实际记载值，且基于 SZI 指标识别的干旱过程，其发生月份较 SPI、SSDI 指标识别出的干旱时间及实际记载干旱过程存在一定的时间滞后现象（水文干

旱、农业干旱发生时间滞后于气象干旱，11—12 月为非农业灌溉需水期，因此实际记载的干旱历时中少有 11—12 月）。

表 5.1　　　　不同干旱指标识别的干旱过程结果对比（以 2003 年为典型干旱年）

区域	不同干旱指标识别的干旱过程			实际记载干旱过程
	SPI 指标	SZI 指标	SSDI 指标	
宁乡	6—10 月	8 月、10—12 月	6—11 月	7—10 月
长沙	3—11 月	8 月、10—12 月	6—11 月	3—10 月
浏阳	7—11 月	3—6 月、8—12 月	7—11 月	3—8 月
韶山	6—11 月	8—12 月	6—11 月	6—9 月
湘乡	6—11 月	11—12 月	7—11 月	6—9 月
湘潭	7—11 月	8—12 月	7—11 月	6—9 月
攸县	6—8 月	4 月、8—12 月	6—8 月、9—12 月	7—8 月
株洲	7 月、10—11 月	8—12 月	7 月、10—11 月	7—8 月
醴陵	7 月、10—11 月	10—12 月	7 月、10—12 月	7—9 月
茶陵	6—10 月	8—11 月	7—12 月	1—2 月、7—12 月
炎陵	7—11 月	8 月	7—11 月	7—8 月

　　为了确定干旱综合指标对应单项指标的权重系数，更加准确刻画区域总体旱情，对各单项指标计算结果的优缺点进行了分析。选取受旱面积、因旱减少供水量为实际旱情数据，以 2003 年夏季（6—8 月）干旱为典型，分析 11 个县（市）SPI、SZI、SSDI 三类指标干旱烈度与实际记载干旱受旱面积比例的相关性（图 5.4）；以株洲市 1990—2007 年实际因旱减少供水量资料为依据，对比累积干旱烈度与因旱减少供水量（图 5.5）。由图 5.4 和图 5.5 可以看出，实际受旱面积比例（受旱面积占播种面积的比例）与 SSDI 指标相关性较强，决定系数在 0.8 以上；SZI 指标与因旱减少供水量相关性较强，高于 SPI 和 SSDI 指标的相关性。

　　综上分析可知，SZI 指标更加适用于刻画以地表径流为水源区域的城镇干旱等级。

5.2.1.4　指标适用性分析

　　研究结果表明，SPI、SZI 和 SSDI 指标对于不同水源、不同行业类型的干旱评价各具优势，SZI 指标年干旱累积烈度与城镇因旱减少供水量相关性较高，更适用于依靠地表径流为主要供水水源的城镇干旱地区评价。

5.2.2　城市干旱过程识别

5.2.2.1　不同来水条件下供需平衡计算

　　依据株洲水文站 1960—2018 年逐月平均径流量序列，分析得到 50％、75％和 95％三种频率下的湘江株洲段来水量。参考《湘江流域水量分配方案》中关于河道生态环境需水量、下游综合需水量、区间取水能力等成果，依据公式得到不同来水条件下区域可供水量及年内分配比例。依据湘江株洲段人口、GDP、不同产业用水定额等资料，结合计算公式，并参考《湘江流域水量分配方案》中需水量预测年内分配成果，得到湘江株洲段全年正常需水量及年内分配比例（图 5.6 和图 5.7）。

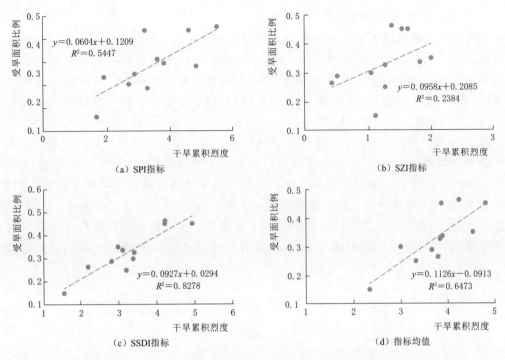

图 5.4 2003 年夏季（6—8 月）不同干旱指标的干旱累积烈度与受旱面积比例的线性关系

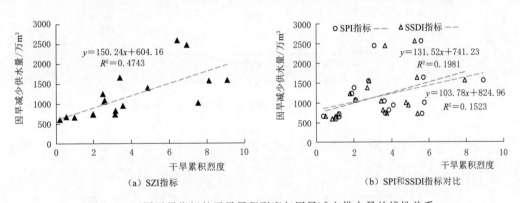

图 5.5 不同干旱指标的干旱累积烈度与因旱减少供水量的线性关系

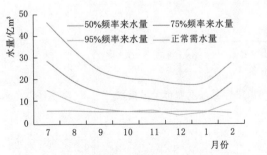

图 5.6 湘江株洲段各月份可供
水量及正常需水量

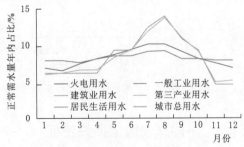

图 5.7 湘江株洲段不同类型产业
正常需水量年内分配情况

5.2.2.2　历史干旱事件识别及干旱指标计算

依据不同频率可供水量、不同月份正常需水量及河道生态需水量、下游综合需水量计算结果，以及长沙、株洲、湘潭水文站月平均水位、流量资料，干旱临界水位、干旱临界流量计算结果，分别选取径流和水位为识别因子，计算湘江长沙段、株洲段及湘潭段 1960—2018 年月尺度城市干旱指数（取水口分布情况、需水情况，均采用现状调查情景），如图 5.8～图 5.10 所示。由图 5.8～图 5.10 可以看出，仅从径流量角度计算，近 59 年中发生了 76 次干旱事件，平均每 9.3 个月发生一次干旱缺水过程，单次干旱的缺水率均值为 12.3%。从干旱发生阶段看，主要集中在 1960—1992 年，2000 年以来，湘江干流建设了控制性水利工程，城市干旱次数明显降低。考虑水位变化因素，1990 年后湘江干流株洲段水位呈现显著降低趋势，当采用水位为识别因子时，干旱阶段主要集中在 2000 年之后。因此，本书从水量短缺、水位取水困难两种角度（取两者最干旱情况），计算湘江株洲段 1960—2018 年历史来水情景下月尺度区域缺水量和城市干旱指数。

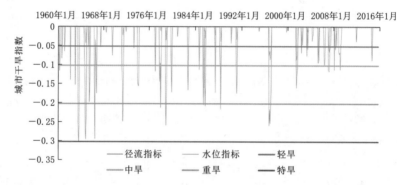

图 5.8　湘江长沙段 1960—2018 年月尺度城市干旱指数

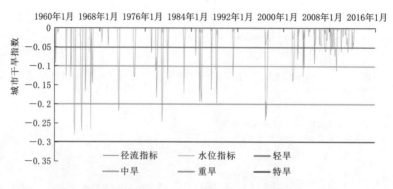

图 5.9　湘江株洲段 1960—2018 年月尺度城市干旱指数

5.2.3　不同产业因旱损失特征

5.2.3.1　干旱缺水-损失模型构建

由式（5.15）可以看出，系数 γ 为小于 1 的常数，γ 越大用水效益函数曲线越接近直

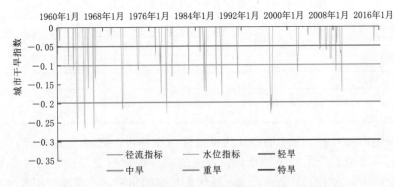

图 5.10 湘江湘潭段 1960—2018 年月尺度城市干旱指数

线，γ 越小曲线越陡峭，即边际效益递减趋势更加明显。为简化计算，本书令系数 γ 取 0.5，采用式（5.22）构建干旱缺水-损失模型。由于不同季节需水量存在波动变化，针对不同季节的模型计算公式为

$$\text{Min}C = \sum P_i - P_i \left(\frac{(N_i - S_i)}{N_i} \right)^{0.5} \qquad (5.22)$$

式中：$\sum S_i = S_a$，$0 \leqslant S_i \leqslant N_i$；$S_a$ 为干旱总缺水量；其他参数意义同前。

5.2.3.2 模型结果验证

采用构建的干旱缺水-损失模型，对株洲市不同季节的缺水量在各产业间进行分配，以春秋季为例，不同类型行业缺水量配置如图 5.11 所示。由图 5.11 可以看出，随着总缺水率的增加，各行业缺水量随之增加，其中一般工业由于用水基数大、单位用水效益较低，其缺水量增长最快，其次为重点工业。辅助生产和附属生产用水部分可适当压缩，优先保障居民生活用水。

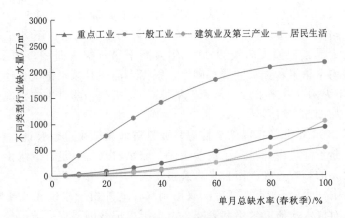

图 5.11 不同类型行业缺水量配置（春秋季）

依据城市干旱指数大小确定干旱等级，计算不同干旱等级下不同行业干旱缺水比例（缺水量占正常用水量的比值），见表 5.2。由表 5.2 可知，居民生活缺水率最低，重点工业与建筑业、第三产业之间较为接近，一般工业缺水率最高。

表 5.2　　　　　　　　　　不同干旱等级下不同行业干旱缺水率

干旱等级	干旱缺水率 /%	月平均缺水量 /万 m³	不同行业干旱缺水率/%			
			重点工业	一般工业	建筑业、第三产业	居民生活
轻旱	5	236.7	1.9	9.3	1.7	0.6
中旱	10	473.4	4.1	18.3	3.6	1.3
重旱	20	946.8	9.6	35.4	8.4	3.2
特旱	30	1420.2	16.7	51.1	14.8	5.9

结合抗旱定额法对表 5.2 中的计算结果进行对比分析，如图 5.12 所示，动态优化法重点考虑不同类型用水产生的经济价值，通过最优分配使得干旱产生的经济损失达到最低；而抗旱定额法，由于更多受到人为水量配置规则的影响，不同类型用水配置相对更为均衡。然而，抗旱定额法仅给出不同类型产业的配置水量，未考虑干旱带来的经济社会损失。动态优化法的优势在于可在缺水量分配后，计算得到缺水量对应的损失值。

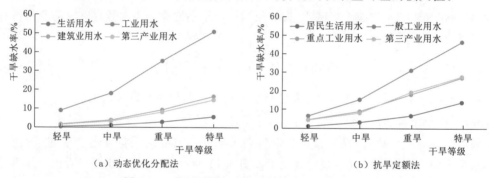

图 5.12　基于不同方法的干旱缺水配置结果对比

5.2.3.3　典型干旱年份不同类型产业损失计算

首先以月为尺度，在干旱缺水配置结果基础上，计算不同月份下干旱缺水损失与总缺水比例的函数关系，其中各月份平均缺水损失-缺水率关系曲线如图 5.13 所示。其次，根据湘江株洲水文站 1960—2018 年的来水序列，计算历史来水条件下各年度干旱损失，进而得到多年平均干旱累积损失曲线和 2011 年典型干旱年损失曲线，如图 5.14 所示。最后，可在多年平均干旱累积损失曲线基础上，根据当前逐月来水情况，动态计算干旱累积损失。以 2011 年为例（其来水过程作为干旱情景），根据当前月来水情况，逐月动态计算累积干旱损失，如图 5.15 所示。

本节收集了 2011 年湘江株洲站旱情记载资料对计算结果进行验证。2011 年 8 月，湘江株洲段水位不断下降，由此带来了泥沙淤泥、取水口水位不足、取水困难等问题，给航运、供水带来较大的影响，株洲市自来水公司 4 座水厂中有 3 座水厂的取水泵房受到不同程度的影响，其中一水厂 53 年来第一次取不到水，此外由于水位和流量降低，使得水体自净能力降低，对取水水质产生不利影响。由于历史记载因旱损失数据较为缺乏，本书仅在缺水配置阶段采用抗旱定额法进行了对比验证。

5.2.4　因旱缺水风险动态评估

当增加城市干旱评估范围，即考虑长株潭城市群全部县级以上城区时，需要分水源进行计算。长沙、株洲、湘潭三市城区以湘江干流地表水为主要取水水源，长沙市东部部分

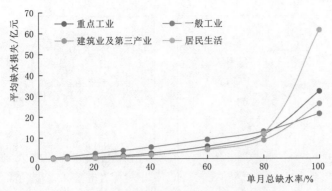

图 5.13 月尺度缺水损失-缺水率关系曲线

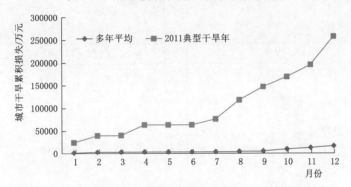

图 5.14 2011 年典型干旱年累积损失曲线与多年平均损失对比

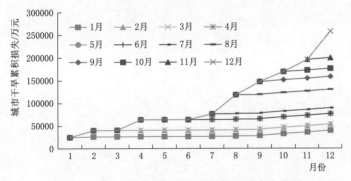

图 5.15 2011 年典型干旱年累积损失动态变化图

城区以株树桥水库为生活供水水源，各县（市）城区则以当地水库为主要水源，辅以地表径流提水。针对不同类型的水源区，本书采取不同的干旱指标计算方法。水库供水区的区域可供水量取决于水库蓄水水位的高低，即前期降水量影响水库蓄水量影响可供水量；地表河道供水区可供水量取决于河道水位高低及流量大小双重因素（水质因素暂未考虑）。

最终得到长株潭城市群各城市单元 2011 年逐月干旱缺水率和逐月因旱损失值的空间变化图，如图 5.16 和图 5.17 所示。由图 5.16 和图 5.17 可知，2011 年干旱集中在长沙、株洲、湘潭三市城区（湘江干流处于历史性低水位），干旱缺水率、因旱损失值均较高，12 月干旱缺水率达到 10% 以上；下辖各县（市）仅在 1—4 月因降水亏缺发生了一定程度的干旱，干旱缺水率、因旱损失值相对较低。

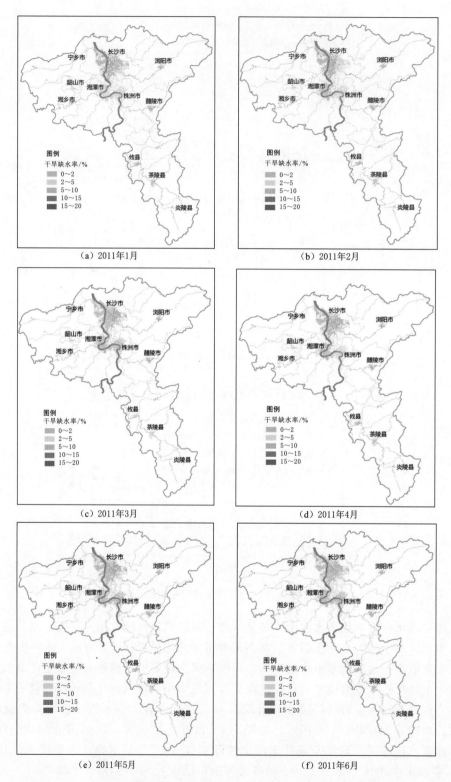

图 5.16（一）　长株潭城市群各城市单元 2011 年逐月干旱缺水率空间变化图

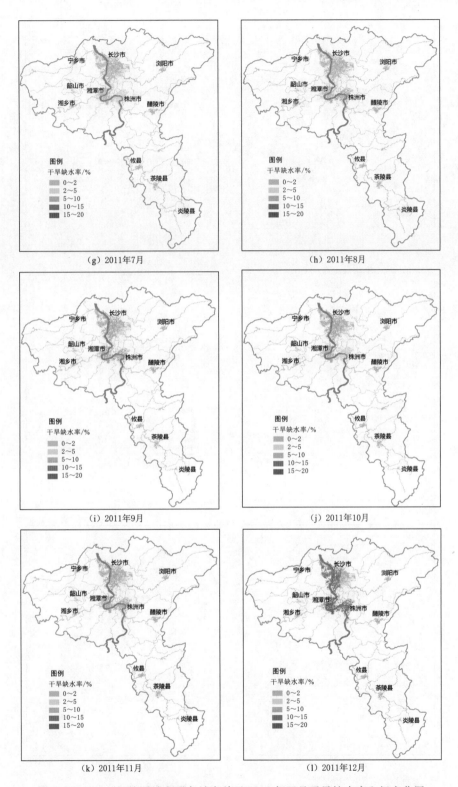

图 5.16（二） 长株潭城市群各城市单元 2011 年逐月干旱缺水率空间变化图

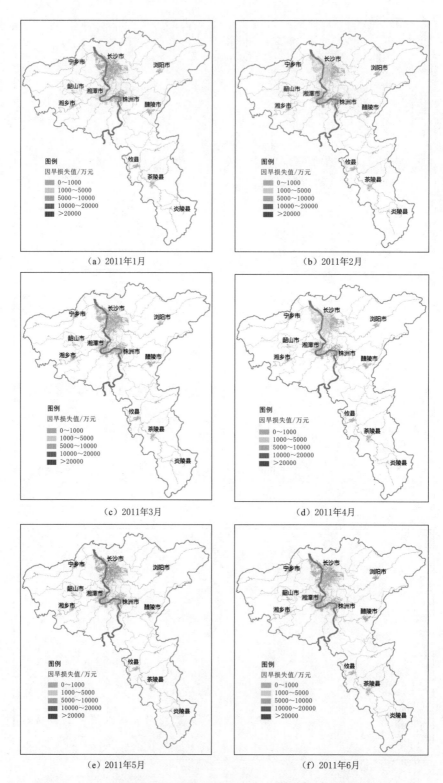

图 5.17（一）　长株潭城市群各城市单元 2011 年逐月因旱损失值空间变化图

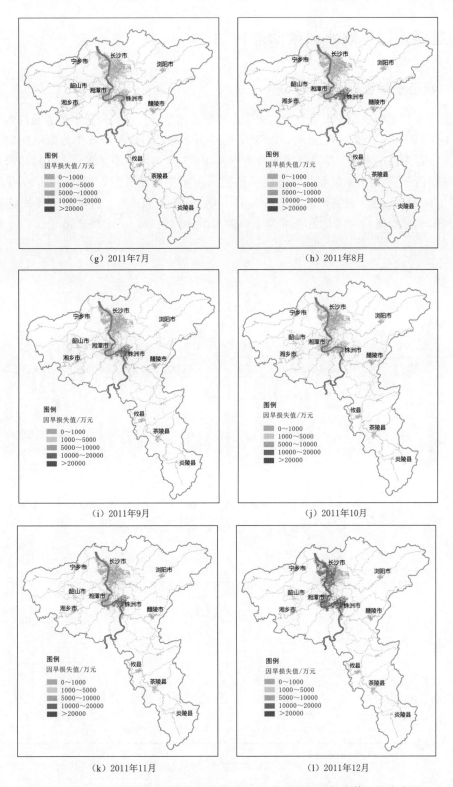

（g）2011年7月　　　　　　　　　　　（h）2011年8月

（i）2011年9月　　　　　　　　　　　（j）2011年10月

（k）2011年11月　　　　　　　　　　　（l）2011年12月

图 5.17（二）　长株潭城市群各城市单元 2011 年逐月因旱损失值空间变化图

5.3　楚雄州因旱缺水风险动态评估

5.3.1　城市干旱过程识别

对于水库蓄水型水源，干旱与否取决于水库的蓄水情况，即前期降水量累积的水库蓄水量。本书采用 SPI3（3 个月尺度 SPI）、SPI6（6 个月尺度 SPI）平均值作为衡量前期降水情况的指标，首先根据典型干旱事件下的缺水率调查及对应的降水距平百分率计算结果，建立得到 SPI 均值-干旱缺水率关系曲线，最后依据历史干旱缺水资料，对 1959—2013 年历史序列城市干旱过程进行识别，结果见图 5.18～图 5.19 及表 5.3。这里的 SPI 均值指的是 SPI3 和 SPI6 的均值，采用均值可减少干旱缺水事件的次数，一定程度避免了假干旱事件的发生。

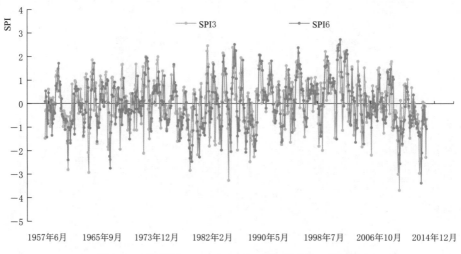

图 5.18　楚雄州 1959—2013 年 SPI3 和 SPI6 指标值

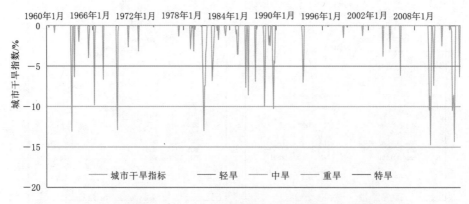

图 5.19　楚雄州 1959—2013 年城市干旱指数及对应的干旱等级

表 5.3 楚雄州各气象站点历史典型干旱年份（基于降雨资料）

站名	站点号	典型干旱年份
永仁	56669	1960、1963、1975、2010、2011、2012
大姚	56761	1963、1988、2009、2010、2011
元谋	56763	1960、1963、1967、2010
姚安	56764	1960、1963、1969、2010、2011、2013
牟定	56766	2010、2013
南华	56767	1969、1988、2009、2010、2013
楚雄	56768	1980、1989、2010、2013
武定	56774	1963、1979、1992、2010、2013
禄丰	56777	1963、1979、2010、2013
双柏	56862	1988、2010、2011、2013

5.3.2 不同产业因旱损失特征

依据楚雄州社会经济资料、用水结构，构建基于 HARA 函数的干旱损失模型对各行业缺水量进行优化分配，并采用抗旱定额法对缺水配置结果进行对比验证，得到不同季节、不同假定干旱缺水率下各类用水行业的缺水量（表 5.4、图 5.20 和图 5.21）。

表 5.4 楚雄州不同干旱缺水比例下各产业缺水量分配

干旱季节	单月总缺水率/%	单月总缺水量/万 m³	缺水量分配/万 m³			
			重点工业	一般工业	建筑业、第三产业	居民生活
春秋季（3—5月、9—11月）	5	39.59	3.01	34.01	1.51	1.06
	10	79.20	6.47	67.14	3.27	2.32
	20	158.40	15.02	130.12	7.64	5.62
	30	237.60	26.26	187.46	13.49	10.39
夏季（6—8月）	5	43.56	3.32	37.40	1.67	1.17
	10	87.11	7.13	73.82	3.60	2.56
	20	174.19	16.54	143.06	8.41	6.18
	30	261.30	28.91	206.11	14.85	11.43
冬季（12月至次年2月）	5	35.65	2.71	30.62	1.36	0.96
	10	71.30	5.83	60.44	2.94	2.09
	20	142.60	13.53	117.13	6.88	5.06
	30	213.91	23.65	168.75	12.15	9.36

5.3.3 因旱缺水风险动态评估

首先将楚雄州划分为 10 个城区单元，依据 2010 年干旱缺水率计算结果，将基于优化配置方法得到的不同类型产业缺水量分配结果，代入干旱缺水-损失模型，得到各城区单元因旱损失值（表 5.5）。

以 2010 年为典型干旱年，针对楚雄州境内 10 个县（市），分别计算其城区范围的实际因旱损失值（图 5.22）、干旱缺水率、因旱损失值，并绘制空间变化图（图 5.23 和图 5.24）。由图 5.23 和图 5.24 可知，2010 年干旱以整体性大范围干旱为主，集中在 1—3月、6—8月，其余月份几乎没有发生干旱。

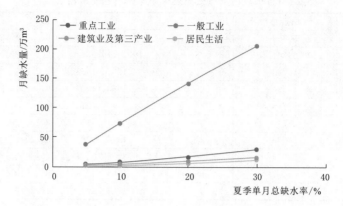

图 5.20　基于干旱损失模型优化分配的各行业缺水量配置

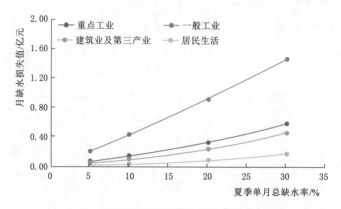

图 5.21　基于抗旱定额法的各行业缺水量配置

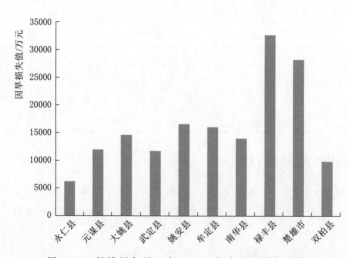

图 5.22　楚雄州各县（市）2010 年实际因旱损失值

表5.5　楚雄州2010典型干旱年各月份干旱缺水率、因旱损失值

干旱情景	县(市)	1月	2月	3月	4月	5月	6月	7月	8月	9月	10月	11月	12月
干旱缺水率/%	永仁	9.20	12.30	2.39	0.00	0.00	3.14	1.77	5.22	1.71	0.00	0.00	0.00
	大姚	15.33	12.86	11.12	0.00	2.12	4.52	0.00	1.05	0.00	0.00	0.00	0.00
	元谋	4.97	6.54	8.76	0.00	1.59	7.34	0.00	0.00	0.00	0.00	0.00	0.00
	姚安	9.60	10.61	13.14	0.00	1.92	11.42	8.96	3.89	0.79	0.00	0.00	0.00
	牟定	10.44	16.56	12.89	0.00	0.00	2.74	2.69	7.27	3.98	0.00	0.00	0.00
	南华	10.15	13.24	11.33	0.00	1.07	7.89	0.00	0.00	0.00	0.00	0.00	0.00
	楚雄	8.70	14.70	5.95	0.00	0.00	1.81	7.40	3.09	0.00	0.00	0.00	0.00
	武定	1.69	7.04	7.43	0.00	0.00	5.33	10.83	7.63	2.39	0.00	0.00	0.00
	禄丰	9.76	16.85	5.90	0.00	0.00	4.11	4.51	6.11	0.00	0.00	0.00	0.00
	双柏	6.09	9.82	2.30	0.00	0.00	5.13	10.85	11.15	3.45	0.00	0.00	0.00
因旱损失值/万元	永仁	1457	1954	417	0	0	603	340	1006	299	0	0	0
	大姚	4556	3799	3644	0	681	1605	0	368	0	0	0	0
	元谋	1842	2432	3658	0	647	3360	0	0	0	0	0	0
	姚安	2360	2612	3622	0	517	3459	2697	1158	213	0	0	0
	牟定	2713	4356	3750	0	347	858	840	2298	1136	0	0	0
	南华	3015	3963	3762	0	0	2858	0	0	0	0	0	0
	楚雄	5446	9506	4096	0	0	1341	5666	2306	0	0	0	0
	武定	403	1697	1995	0	0	1570	3230	2258	635	0	0	0
	禄丰	6215	11166	4100	0	0	3117	3434	4691	0	0	0	0
	双柏	1082	1752	451	0	0	1113	2378	2444	678	0	0	0

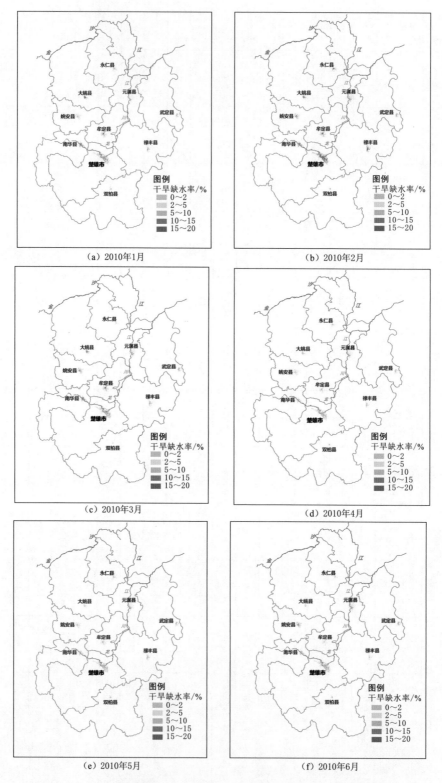

图 5.23（一）　楚雄州 2010 年典型干旱年各月份干旱缺水率空间变化图

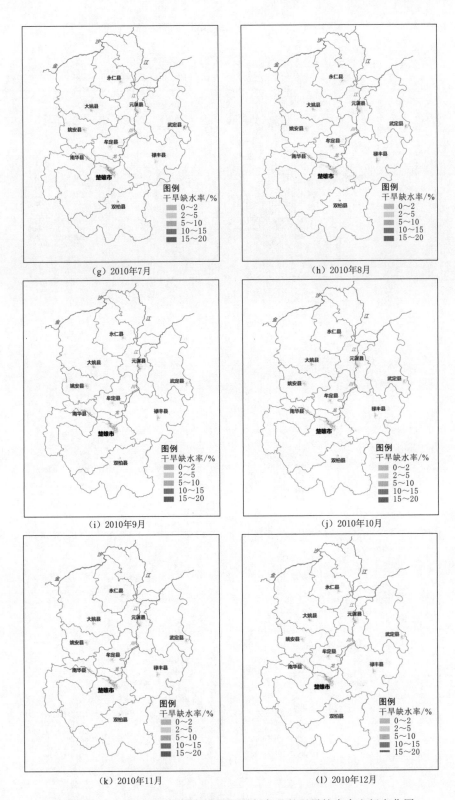

（g）2010年7月

（h）2010年8月

（i）2010年9月

（j）2010年10月

（k）2010年11月

（l）2010年12月

图5.23（二） 楚雄州2010年典型干旱年各月份干旱缺水率空间变化图

133

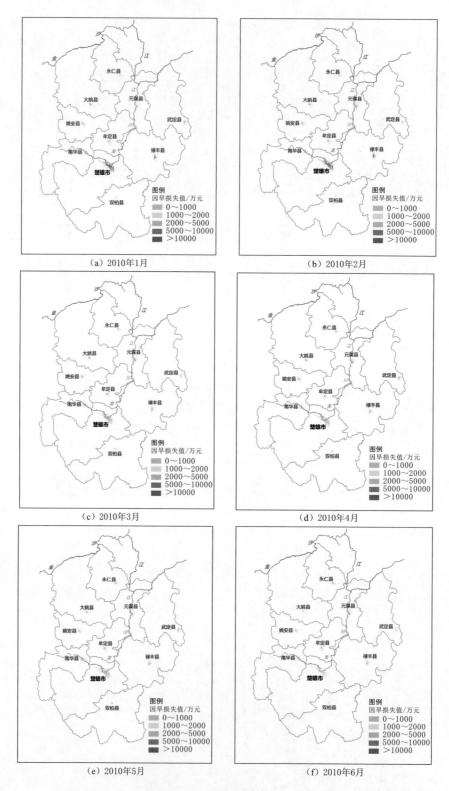

图 5.24 （一）　楚雄州 2010 年各月份城市因旱损失值空间变化图

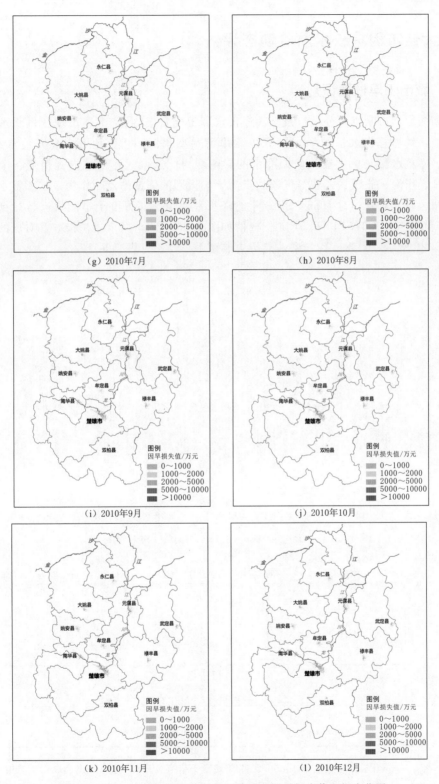

（g）2010年7月

（h）2010年8月

（i）2010年9月

（j）2010年10月

（k）2010年11月

（l）2010年12月

图 5.24（二） 楚雄州 2010 年各月份城市因旱损失值空间变化图

5.4　大连市因旱缺水风险动态评估

5.4.1　城市干旱过程识别

根据《大连市水资源公报》及《大连市水资源配置规划》，大连市现状供水水源以地表水为主，约占总供水量的 70%，且以水库蓄水型水源为主、地下水和其他水源为辅。考虑到水库蓄水量变化主要受前期降水的影响，为此选取大连市境内瓦房店、金州、新金、长海、庄河、旅顺、大连等气象站点为干旱识别的依据站点，作为以水库蓄水为主要水源的城区研究对象，对 1965—2013 年的降水亏缺情况、城市干旱指数进行计算，其中大连市 1965—2013 年 SPI3 和 SPI6 指标值如图 5.25 所示，城市干旱指数及对应的干旱等级如图 5.26 所示。大连市各气象站点历史典型干旱年份见表 5.6。

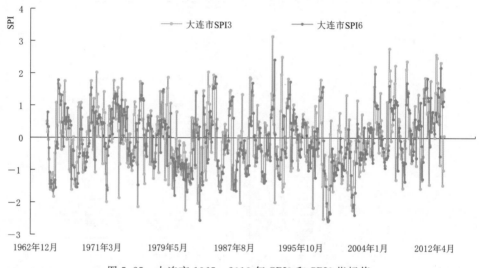

图 5.25　大连市 1965—2013 年 SPI3 和 SPI6 指标值

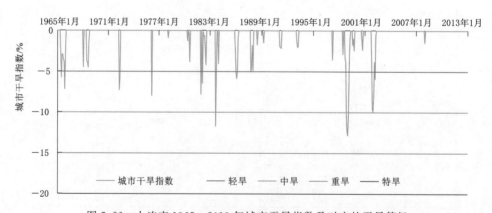

图 5.26　大连市 1965—2013 年城市干旱指数及对应的干旱等级

表 5.6　　　　　　　　　　大连市各气象站点历史典型干旱年份（基于降雨资料）

站名	站点号	典 型 干 旱 年 份
瓦房店	54563	1965、1968、1972、1974、1981、1982、1984、1989、1990、1999、2000、2002、2005、2008
金州	54568	1965、1968、1969、1972、1975、1977、1980、1984、1993、1999、2000、2001、2002、2003、2008
新金	54569	1965、1968、1970、1975、1977、1978、1980、1982、1989、1993、1999、2000、2002、2008
长海	54579	1965、1968、1969、1970、1975、1976、1982、1984、1988、1999、2000、2002
庄河	54584	1965、1968、1982、1983、1984、1986、1988、1993、1997、1999、2000、2002、2008
旅顺	54660	1965、1968、1982、1988、1993、1999、2000、2001、2002、2008
大连	54662	1965、1968、1972、1982、1984、1986、1988、1991、1993、1999、2000、2002、2008

5.4.2　不同产业因旱损失特征

　　将大连市划分为旅顺口区、大连城区、金州区、普兰店区、瓦房店市、庄河市、长海县 7 个城区单元。将各气象站点与城区单元进行对应，即选取代表性站点作为不同城区降水亏缺和干旱识别的依据。以整个大连市单元为例，根据不同产业正常需水、产业结构等资料，构建基于 HARA 函数的缺水-损失模型，进而得到不同季节、不同假定干旱缺水率下各行业的缺水量、缺水率和因旱损失值（表 5.7～表 5.9 及图 5.27）。

表 5.7　　　　　　　　　大连市不同干旱缺水率下各产业缺水量分配

干旱季节	单月总缺水率/%	单月总缺水量/万 m³	缺水量分配/万 m³			
			重点工业	一般工业	建筑业、第三产业	居民生活
春秋季（3—5月、9—11月）	5	362.51	27.55	311.35	13.87	9.74
	10	725.00	59.21	614.62	29.90	21.27
	20	1450.00	137.49	1191.11	69.94	51.46
	30	2175.00	240.35	1716.05	123.47	95.13
夏季（6—8月）	5	398.75	30.36	342.40	15.28	10.71
	10	797.50	65.24	675.92	32.94	23.40
	20	1595.00	151.47	1309.89	77.04	56.60
	30	2392.49	264.74	1887.16	135.97	104.62
冬季（12月至次年2月）	5	326.25	24.81	280.19	12.49	8.76
	10	652.50	53.32	553.12	26.92	19.14

干旱季节	单月总缺水率/%	单月总缺水量/万 m³	缺水量分配/万 m³			
			重点工业	一般工业	建筑业、第三产业	居民生活
冬季（12 月至次年 2 月）	20	1305.00	123.80	1071.92	62.97	46.31
	30	1957.49	216.40	1544.32	111.16	85.61

表 5.8　　　　　　　　大连市不同干旱缺水率下各产业缺水率

干旱季节	单月总缺水率/%	单月总缺水量/万 m³	缺水率/%			
			重点工业	一般工业	建筑业、第三产业	居民生活
春秋季（3—5 月、9—11 月）	5	362.51	2.77	13.41	0.98	0.39
	10	725.00	5.95	26.47	2.12	0.84
	20	1450.00	13.82	51.30	4.97	2.04
	30	2175.00	24.16	73.91	8.77	3.77%
夏季（6—8 月）	5	398.75	2.77	13.41	0.99	0.39
	10	797.50	5.96	26.47	2.13	0.84
	20	1595.00	13.84	51.29	4.97	2.04
	30	2392.49	24.19	73.90	8.78	3.77
冬季（12 月至次年 2 月）	5	326.25	2.77	13.41	0.99	0.39
	10	652.50	5.95	26.47	2.12	0.84
	20	1305.00	13.82	51.30	4.97	2.04
	30	1957.49	24.17	73.91	8.77	3.77

表 5.9　　　　　　　大连市不同干旱缺水率下各产业因旱损失值

干旱季节	单月总缺水率/%	单月总缺水量/万 m³	因旱损失值/亿元			
			重点工业	一般工业	建筑业、第三产业	居民生活
春秋季（3—5 月、9—11 月）	5	362.51	1.174	3.945	0.277	0.253
	10	725.00	2.553	8.224	0.601	0.553
	20	1450.00	6.109	18.118	1.420	1.345
	30	2175.00	11.144	30.957	2.541	2.501
夏季（6—8 月）	5	398.75	1.293	4.351	0.306	0.278
	10	797.50	2.812	9.069	0.662	0.609

干旱季节	单月总缺水率 /%	单月总缺水量 /万 m³	因旱损失值/亿元			
			重点工业	一般工业	建筑业、第三产业	居民生活
夏季（6—8月）	20	1595.00	6.727	19.979	1.563	1.479
	30	2392.49	12.270	34.134	2.799	2.750
冬季（12月至次年2月）	5	326.25	1.057	3.550	0.250	0.228
	10	652.50	2.298	7.400	0.540	0.498
	20	1305.00	5.497	16.303	1.277	1.210
	30	1957.49	10.028	27.854	2.287	2.251

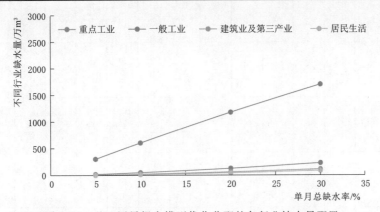

图 5.27   基于因旱损失模型优化分配的各行业缺水量配置

5.4.3   因旱缺水风险动态评估

依据典型干旱年（1999 年）干旱缺水率计算结果，将基于优化配置方法得到的不同类型产业缺水量分配结果，代入缺水-损失模型，得到各城区单元因旱损失值，见表 5.10。由图 5.28～图 5.30 可知，1999 年大连市下辖各城区普遍发生干旱缺水现象，集中在 6—10 月。

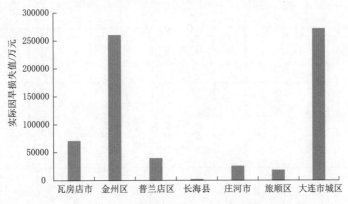

图 5.28   大连市各城区单元 1999 年实际因旱损失值

表 5.10　大连市 1999 年各月份干旱缺水率及因旱损失值

干旱情景	城区单元	1月	2月	3月	4月	5月	6月	7月	8月	9月	10月	11月	12月
干旱缺水率/%	瓦房店市	0.00	0.00	4.24	0.00	0.00	2.40	5.87	5.18	4.84	5.25	0.00	0.00
	金州区	0.00	0.00	0.00	0.00	0.00	8.77	11.53	13.80	11.12	8.48	0.89	0.00
	普兰店区	0.00	0.00	0.00	0.00	0.00	7.70	9.45	13.18	7.11	6.33	0.00	0.00
	长海县	0.00	0.00	0.00	0.00	0.00	2.49	7.65	13.01	12.48	12.02	4.81	2.16
	庄河市	0.00	0.00	0.00	0.00	0.00	5.78	0.00	4.97	4.76	8.12	0.00	0.00
	旅顺区	0.00	1.70	0.00	0.00	3.65	5.82	12.43	12.02	12.00	4.83	0.00	0.00
	大连市城区	0.00	2.89	0.00	0.00	3.26	3.82	10.30	12.38	12.83	10.31	4.24	1.05
因旱损失值/万元	瓦房店市	0	0	10777	2700	2700	4954	12448	10929	11948	12773	2700	0
	金州区	0	0	0	0	0	57939	67679	76078	32919	24504	2419	0
	普兰店区	0	0	0	0	0	7294	9090	13121	6084	5377	0	0
	长海县	0	0	0	0	0	150	478	851	767	735	275	112
	庄河市	0	0	0	0	0	6920	0	5910	5136	9013	0	0
	旅顺区	0	689	0	0	509	2955	6682	6438	1696	675	0	0
	大连市城区	0	10576	0	0	13320	17222	49020	60059	56822	44589	17450	3783

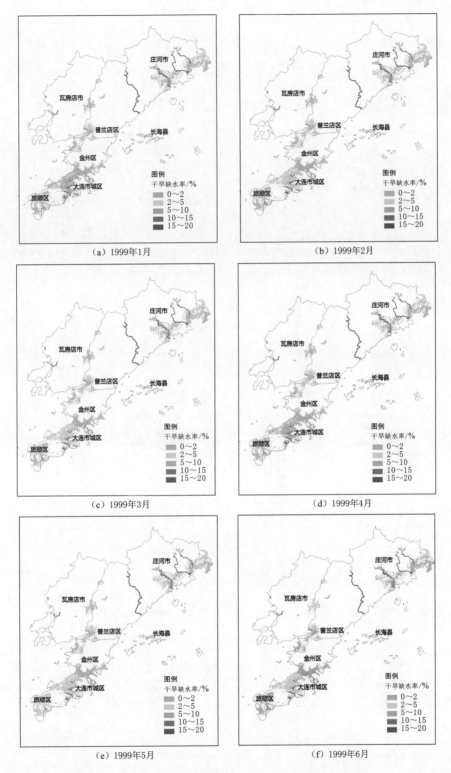

图 5.29（一） 大连市各城区 1999 年干旱缺水率空间分布图

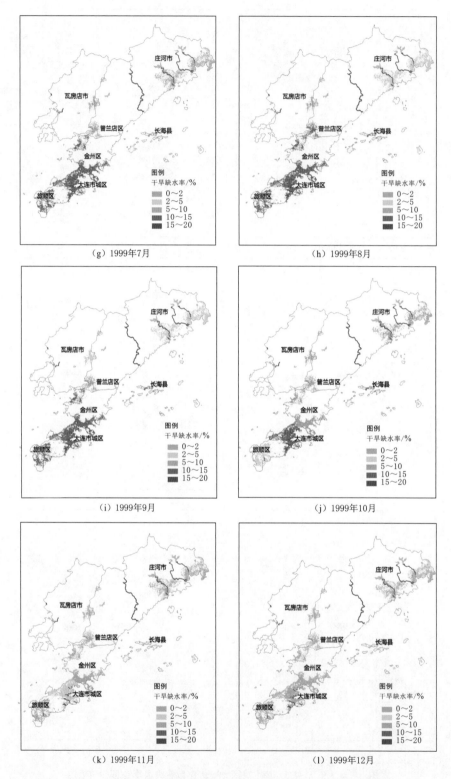

图 5.29（二）　大连市各城区 1999 年干旱缺水率空间分布图

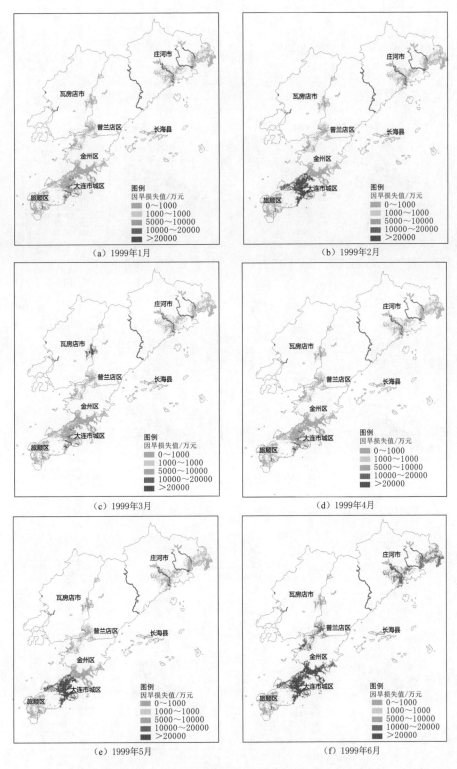

图 5.30（一） 大连市各城区 1999 年因旱损失值空间分布图

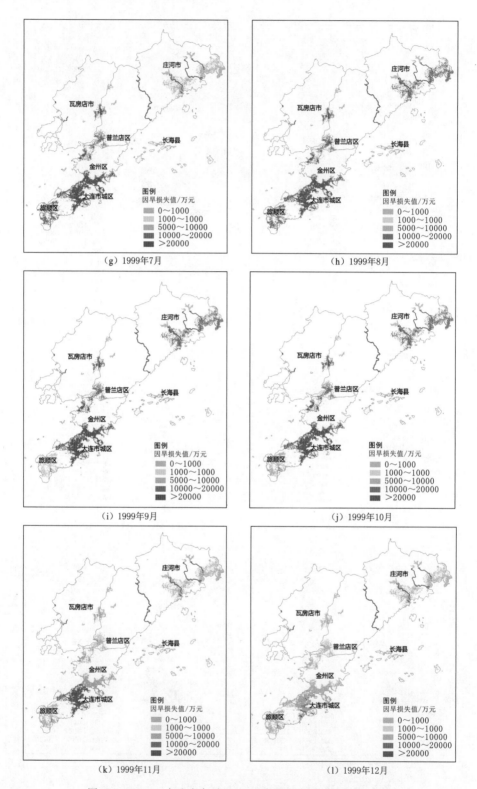

图 5.30（二） 大连市各城区 1999 年因旱损失值空间分布图

第6章

生态因旱缺水风险动态评估技术及应用

6.1 生态因旱缺水风险动态评估技术框架

6.1.1 总体技术方案

本书采用"旱情评价—影响评估—风险评估"的思路，构建生态因旱缺水风险动态评估框架，并在此基础上，细化各环节的关键技术（图6.1）。具体而言：①在旱情评价方面，一方面基于河湖湿地水量平衡特征，借鉴 PDSI 旱度模式，定义湖泊适宜蓄水总量（水位），构建湖泊湿地干旱定量模型，另一方面基于天然林草植被全生育期中自然水分补给与植被需水之间的适配关系，提出区域/流域生态干旱定量评价技术；②在影响评估方面，利用生态系统服务功能价值模型、CASA 模型、货币化模型等，量化不同类型生态系统的价值及其变化，进而结合生态干旱监测与评价结果，揭示湖泊湿地、林草生态系统对干旱特征的响应；③在风险评估方面，构建基于长短期记忆网络（long short-term memory，LSTM）的预报模型和灰色自记忆模型[110]，实现对年尺度和月尺度干旱的预报，并与生态干旱评价模型、因旱损失评估模型相耦合，实现旱灾风险的动态评估。其中，旱情评价模型与生态系统对干旱的响应特征在第2章与第3章已有介绍。本章重点介绍气象水文预报模型与干旱评价模型和因旱损失评估模型的耦合。

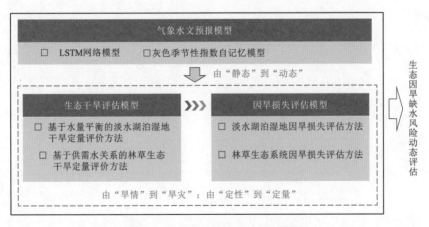

图 6.1 生态旱灾风险动态评估框架

6.1.2　关键技术环节

6.1.2.1　气象水文预报模型

1. 基于 LSTM 的气象水文预报模型

LSTM 与传统的循环神经网络（recurrent neural network，RNN）不同，它在结构上增加了门操作用于实现每一个信息的传输[111]。LSTM 由 RNN 演变而来，它在继承了 RNN 的大部分特性之外，还有效地克服了原始循环神经网络存在的缺点，成为当前最流行且表现较好的 RNN 变体。LSTM 是一个普通而又特殊的神经网络，一方面 LSTM 与普通神经网络一样，由输入层、隐藏层和输出层组成；而另一方面，LSTM 又是一种特殊的 RNN，它的隐藏层由一个或多个记忆单元组成，并且每个记忆单元都拥有三个"门"结构，其中包括遗忘门、输入门和输出门。LSTM 通过引入门机制来控制信息传递的路径，并通过门对经过网络的信息进行有选择地记忆或删除。而"门"，就是一个应用在各个矩阵元素上的 sigmoid 激活函数和按对应元素相乘的计算方式。LSTM 单元结构及各个门结构示意如图 6.2 所示。

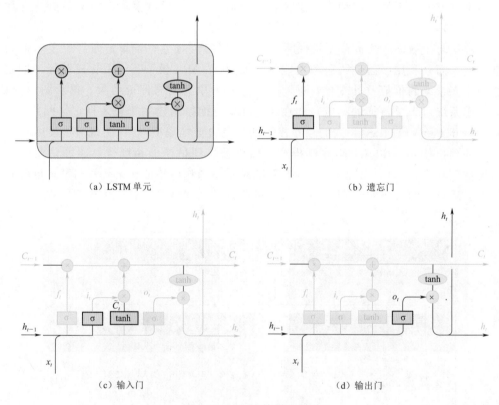

(a) LSTM 单元　　　　　　　　　　　(b) 遗忘门

(c) 输入门　　　　　　　　　　　(d) 输出门

图 6.2　LSTM 结构示意图

（1）遗忘门 f_t。决定了记忆单元从上一状态舍弃多少信息：

$$f_t = \sigma(\boldsymbol{W}_f[h_{t-1}, x_t] + \boldsymbol{b}_f) \tag{6.1}$$

（2）输入门 i_t。决定记忆单元状态的更新，即当前时刻信息的输入多大程度添加到记忆信息中：

$$i_t = \sigma(\boldsymbol{W}_f[h_{t-1}, x_t] + \boldsymbol{b}_i) \tag{6.2}$$

$$\overline{c_t} = \tanh(\boldsymbol{W}_c[h_{t-1}, x_t] + \boldsymbol{b}_c) \tag{6.3}$$

（3）输出门 o_t。决定当前信息被输出的程度：

$$o_t = \sigma(\boldsymbol{W}_o[h_{t-1}, x_t] + \boldsymbol{b}_o) \tag{6.4}$$

$$c_t = f_t c_{t-1} + i_t \overline{c_t} \tag{6.5}$$

$$h_t = o_t \tanh(c_t) \tag{6.6}$$

式中：σ 为 sigmoid 激活函数，取值范围为 ［0，1］，0 表示全部舍弃，1 表示全部保留；$\boldsymbol{W}_f$、$\boldsymbol{W}_i$、$\boldsymbol{W}_c$、$\boldsymbol{W}_o$ 为权重矩阵；$\boldsymbol{b}_f$、$\boldsymbol{b}_i$、$\boldsymbol{b}_c$、$\boldsymbol{b}_o$ 为偏移向量，可通过网络训练优化；tanh 为双曲正切激活函数，取值范围为 ［−1，1］。

常见优化算法有随机梯度下降（stochastic gradient descent，SGD）、均方根反向传播（RMSProp）、动量（momentum）和自适应矩估计（adaptive moment estimation，Adam）算法。Adam 算法是 SGD 算法的扩展，该算法同时结合了自适应梯度（adaptive gradient，AdaGrad）算法和 RMSProp 算法的优点。Adam 算法通过衰减率的设定，可自主更新学习率；同时，该算法在默认参数下的性能已经较好，即默认参数具备较好的鲁棒性（robustness）。经文献调研，比较不同算法之间的适用条件，结合本书特点，选取了 Adam 算法来对训练误差进行优化。

2. 基于 SS−DHGM 的气象水文预报模型

灰色系统理论研究对象是部分已知、部分未知的"小样本""贫信息"的不确定性系统，在对观测资料分析的基础上，采用科学合理的数学方法减少不确定因素的影响，构建具有预测功能的灰色模型，以解决资料不足的问题；灰色模型具有结构简单、计算方便的特点，在水文与水资源研究中得到了较为广泛的应用。但灰色模型适用于光滑平稳的时间序列预测，对于波动幅度较大的时间序列预测精度较低。传统的处理方式是采用累加原始序列的方式弱化随机性、增加平稳性，但一方面，对于波动幅度较大的水文时间序列（如降水、径流等），模型的应用仍存在着一定的局限性；另一方面，灰色模型也较容易出现预测精度低等问题。

本书采用季节性指数法对原始气象/水文数据进行预处理，减少季节性波动，使其更适合于灰色模型的构建，并依据自记忆理论，引入自记忆函数，构建灰色季节性指数自记忆模型（seasonal index self−memory grey model，SS−GM），实现动力系统的自记忆数值预测，提高模型的稳定性和预测精度[112]。

（1）气象/水文数据预处理。由于气象/水文序列具有一定的波动性，其表现出一种非平稳特征，为提高模型精度，本书采用季节指数法，依据时间序列的波动周期 T，对月尺度气象/水文数据进行预处理，以减小数据的波动性，得到相对平滑的数据序列。

$$MA\left(t + \frac{T-1}{2}\right) = (x_t + x_{t+1} + \cdots + x_{t+T-1})/T \qquad (t = 1, 2, 3, \cdots, n-T) \tag{6.7}$$

$$Ra\left(t + \frac{T}{2}\right) = x_{t+(T/2)}/CMA\left(t + \frac{T}{2}\right) \tag{6.8}$$

式中：$\{x_t\}$，$t = 1 - n$，为原始气象/水文序列；MA 为滑动平均值；CMA 为中心滑动平均值；Ra 为季节性指数；T 为时间序列的波动周期，本书取 12（月）。

将原始气象/水文序列分别除以对应月份的季节性指数，得到一组新的时间序列，作为模型构建的输入数据。

（2）GM（1，1）模型。由于预处理后的气象/水文数据的一次累加序列呈现出近似指数增加的规律，且变化较为平稳，因此可应用 GM（1，1）模型对其建模。设预处理后的气象/水文时间序列为

$$X^0 = \{x_1^0, x_2^0, x_3^0 \cdots x_n^0\} \tag{6.9}$$

一次累加生成的新序列为

$$X^1 = \{x_1^1, x_2^1, x_3^1 \cdots x_n^1\} \tag{6.10}$$

其中：

$$x_t^1 = \sum_{i=1}^{t} x_i^0 \,(t = 1 \sim n) \tag{6.11}$$

GM（1，1）模型的白化方程为

$$\frac{\mathrm{d}x_t^1}{\mathrm{d}t} + \alpha x_t^1 = \mu \tag{6.12}$$

可将其写为

$$\frac{\mathrm{d}x_t^1}{\mathrm{d}t} = F(x, t) = -\alpha x_t^1 + \mu \tag{6.13}$$

式中：参数 α 和 μ 可采用最小二乘法求得。

（3）自记忆模型构建。将式（6.13）作为构建自记忆模型的动力核，结合系统自记忆性原理，引入自记忆函数，应用内积运算、分部积分和中值定理等数学方法，构建一种新的时间序列模型：

$$\begin{cases} x_1^1 = A_{-p}a_{-p} + \sum_{i=-p+1}^{-1} A_i a_i + A_0 a_0 + A_1 a_1 \\ A_{-P} = x_{-p}^1 - x_{-p+1}^1 + 2F_{-p}\Delta t \\ A_i = x_{i-1}^1 - x_{i+1}^1 + 2F_i\Delta t \,(i = -p+1, -p+2\cdots, -1) \\ A_0 = x_{-1}^1 + 2F_0\Delta t \\ A_1 = x_0^1 \end{cases} \tag{6.14}$$

式中：p 为回溯阶数；x_1^1 为预测值；x_0^1 为初始值；$x_{-p}^1 - x_{-1}^1$ 为回溯值。

自记忆模型的参数 $a_{-p} - a_1$ 可采用最小二乘法求得。将模型预测得到的数值进行还原，并乘以对应月份的季节性指数，即得到预测的气象/水文数据。

6.1.2.2　生态干旱评价模型

本书以湖泊湿地和天然林草生态系统为研究对象，构建生态干旱评价模型。其中，对于湖泊湿地的生态干旱评价主要考虑湖泊适宜蓄水总量（水位）来构建面向湖泊湿地的生态干旱评价模型；对于天然林草的生态干旱评价主要考虑植被全生育期内自然水分补给与植被需水之间的适配关系来构建面向天然林草的生态干旱评价模型。

1. 面向湖泊湿地的生态干旱评价模型

土壤蓄水模式与湿地蓄水模式是有差异的，对于土壤蓄水模式，当来水量超过土壤饱

和含水量时，多出的部分以地表径流的形式流走，当未超过土壤饱和含水量时则无出流量（径流）；对于湿地蓄水模式，其来水（降雨、地表入流及地下水）会蓄积在湿地中，导致湿地水位增加。而对于大部分湿地，其出水口流量和人工取用水是其蓄水量减少的主要途径（图 6.3）。因此，湿地的水量平衡公式可以被定义为

$$P' + RI' + S' = ET' + RO' + U' + SL' + SE' \tag{6.15}$$

式中：P' 为适宜降水量，mm；RI' 为适宜入流量，mm；S' 为适宜蓄水量，mm；ET' 为适宜蒸散量，mm；RO' 为适宜出流量，mm；U' 为适宜取用水量（扣除回归水后），mm；SL' 为湖泊湿地最小生态水位对应的适宜蓄水量，mm；SE' 为超过最小生态水位的适宜蓄水量，mm。

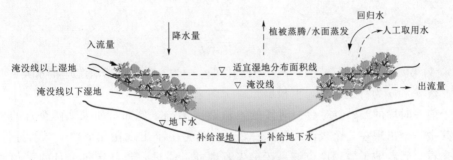

图 6.3 湖泊湿地水量平衡示意图

式（6.15）中，ET'、RO'、SL' 和 SE' 的计算公式为

$$ET' = \alpha PE \tag{6.16}$$

$$RO' = \beta PRO \tag{6.17}$$

$$SL' = \gamma PSL \tag{6.18}$$

$$SE' = \delta PSE \tag{6.19}$$

式中：PE 为潜在蒸散发量（采用 FAO 推荐的彭曼公式计算），mm；PRO 为潜在出流量（上月末水位对应的出流量，计算方法是根据湿地出口断面过水能力，计算不同水位下的湿地出流量），mm；PSL 为生态水位对应的潜在蓄水量（为一固定值，数值上等于生态水位对应的蓄水量），mm；PSE 为超过生态水位的潜在蓄水量（等于实际超过量 SE），mm。

在式（6.15）中，可看作将湿地水分补给总量 $P' + RI' + S'$，重新分配给支出项 ET'、RO'、U'、SL' 和 SE' 后，评价最终水量（水位）是否满足最小生态水位。与 PDSI 指数相似，参数 α，β，γ 和 δ 被定义为

$$\alpha = \overline{ET} / \overline{PE} \tag{6.20}$$

$$\beta = \overline{RO} / \overline{PRO} \tag{6.21}$$

$$\gamma = \overline{SL} / \overline{PSL} \tag{6.22}$$

$$\delta = \overline{SE} / \overline{PSE} \tag{6.23}$$

式中：横线表示对应参数在研究时段内的月平均值。

此外，对于式（6.15）中取用水量的适宜值（U'），采用研究区多年平均取用水量近似估算。月尺度的湖泊湿地实际蓄水总量相对于适宜蓄水总量的异常值 d 可以表示为

$$d = (P + RI + S) - (P' + RI' + S') \tag{6.24}$$

参考 PDSI 的计算方法，湖泊湿地蓄水异常指数 z 可表示为

$$z = dk \tag{6.25}$$

式中：k 为权重系数。

权重系数 k 的计算公式为

$$k = (\overline{PE} + \overline{RO} + \overline{SL} + \overline{SE}) / (\overline{P} + \overline{RI} + \overline{S}) \tag{6.26}$$

利用式（6.25）计算出的 z 值，仅反映了当月的水分亏缺情况，未考虑干旱的累积效应。参考 PDSI，可确定湖泊湿地干旱指标 x、湖泊湿地蓄水异常指数 z 和持续时间 t 之间的函数关系为

$$x_i = \frac{\sum_{t=1}^{i} z_t}{at + b} \tag{6.27}$$

式中：x_i 为第 i 个月的干旱指数；t 为持续时间；z_t 为 t 时段内湖泊湿地蓄水异常指数累积值；参数 a 和 b 为待定系数，可根据 $\sum z - t$ 图来确定。

由于前一时段的 $\sum z$ 会对后一时段的 z 值造成影响，例如，如果某两个月的 z 值相同，但其中一个出现在几个较湿润的月份之后，而另一个出现在几个较干旱的月份之后，理论上来看，后者的干旱程度应该高于前者，因此，需进一步确定每个月的 z 值对 x 值的影响。令 $i = 1$，$t = 1$，则式（6.27）可写为

$$x_1 = \frac{z_1}{a + b} \tag{6.28}$$

假设某月是干旱的开始，则

$$x_1 - x_0 = \Delta x_1 = \frac{z_1}{a + b} \tag{6.29}$$

如果要维持上一个月的旱情，随着时间 t 的增加，累积的水资源短缺指数 $-\sum z$ 也应随之增加。但 t 值的增加是恒定的（每月增加 1），因此，要维持上一个月的干旱指数，所需要增加的 $-z$ 值取决于干旱指数，故有

$$x_i - x_{i-1} = \Delta x_1 = \frac{z_1}{a + b} + C x_{i-1} \tag{6.30}$$

令 $t = 2$，$x_i = x_{i-1} = -1$，由式（6.14）和式（6.15）可求得 C 值，则式（6.30）可写为

$$x_i = (1 + C) x_{i-1} + \frac{z_1}{a + b} \tag{6.31}$$

干湿等级标准仍采用 PDSI 的划分标准，具体见表 6.1。

表 6.1　　　　　　　　　　　干 湿 等 级 划 分 标 准

指数 x	等级	指数 x	等级	指数 x	等级
4.0	极端湿润	1.00~1.99	轻微湿润	-2.99~-2.00	中等干旱
3.00~3.99	严重湿润	-0.99~0.99	正常	-3.99~-3.00	严重干旱
2.00~2.99	中等湿润	-1.99~-1.00	轻微干旱	-4.00	极端干旱

2. 面向天然林草的生态干旱评价模型

绿水资源是源于降水、存储于土壤并被植被蒸散发消耗的水资源，其作为水资源的重要组成部分，是维持陆地生态系统景观协调和平衡的重要水源。绿水资源是否能满足林草生态系统需水要求是衡量干旱是否发生的关键。基于绿水资源模拟的生态干旱评价技术主要涉及两个环节：一是绿水的模拟以及林草生态系统需水计算；二是水分亏缺量和积累效应，以及其偏离平均状态的程度评价。其中，绿水的模拟、时空分布特征识别及其满足林草生态系统需水的程度分析是生态干旱评价的关键环节（图6.4）。

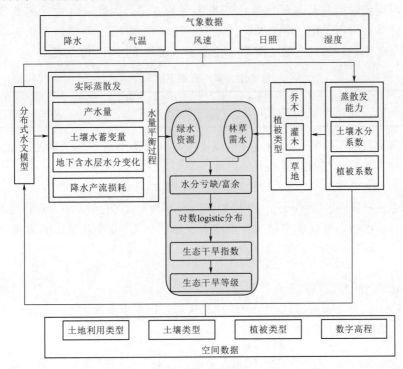

图6.4 技术框架

（1）绿水资源模拟。从储量的角度来看，绿水指的是降水转化存储到土壤包气带中的水分；从流量的角度来看，绿水指的是实际蒸散发量（ET）。绿水是植被水分消耗的主体，在维持生态系统稳定方面起着不可或缺的作用，本书选取绿水流作为干旱评价模型的输入（图6.5）。

（2）林草生态系统需水量计算。影响植被蒸散耗水的主要因素包括：气象条件、土壤水分状况和植被种类。因此，一定时段内，单位面积的林草地消耗的水量（林草地生态需水量）可按如下公式计算[113]：

$$ET_q = ET_0 K_c K_s \qquad (6.32)$$

式中：ET_q 为林草地生态需水定额，mm；ET_0 为潜在蒸发量（可由彭曼公式计算得

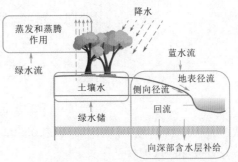

图6.5 水文循环过程及水资源量评价

151

到），mm；K_c 为植被系数；K_s 为土壤水分系数。

根据研究成果，乔木、灌木和草地的 K_c 取值分别为 0.6200、0.5385 和 0.2630；对于 K_s 而言，可采用 Jensen 公式进行计算[114]：

$$K_s = \frac{\ln\left[\frac{S - S_w}{S^* - S_w} \times 100 + 1\right]}{\ln 101} \tag{6.33}$$

式中：S 为土壤实际含水量；S_w 为土壤凋萎含水量；S^* 为土壤临界含水量。

由于暂时凋萎含水量是满足林草地基本生存的下限，因此，将暂时凋萎含水量代入式（6.33）计算得到 K_s 值，并代入式（6.32）计算得到 ET_q 的值，可认为该值是林草地最小生态需水定额。不同土壤类型最小生态需水定额下的 K_s 值见表 6.2。

表 6.2　最小生态需水定额下的 K_s

土壤类型	粗砂土	砂壤土	砂黏土	粉黏土	粉土
K_s	0.5484	0.5564	0.5221	0.5387	0.5365

（3）干旱指数及等级划分。利用林草植被需水和生态系统绿水资源之差作为输入量，以两者差值偏离平均状态的程度来表征区域干旱情况。

$$D_i = GWF_i - ET_{ci} \tag{6.34}$$

式中：D_i 为给定月份缺水量，mm；GWF 和 ET_c 分别为给定月份绿水资源和作物需水，mm。

根据逐月缺水量，可获取给定时间尺度内（如 1 个月、3 个月等）的累积缺水量：

$$D_n^k = \sum_{i=0}^{k-1} (P_{n-i} - PET_{n-i}) \qquad n \geqslant k \tag{6.35}$$

式中：k 为给定时间尺度；n 为总月份数。

参照 Vicente - Serrano et al.[115] 的研究成果，采用 3 个参数的 Log - logistic 概率分布对 D_n^k 进行正态化处理。

$$F(x) = \left[1 + \left(\frac{\alpha}{x - \gamma}\right)^\beta\right]^{-1} \tag{6.36}$$

式中：参数 α、β 和 γ 分别为尺度、形状和位置参数，可采用线性矩的方法拟合获得。

对累积概率密度进行标准化处理 $[P = 1 - F(x)]$，可进一步获取 SSDI 指标值：

$$
\begin{cases}
if \qquad P \leqslant 0.5 \\
W = \sqrt{-2\ln(P)} \\
SSDI = W - \dfrac{c_0 + c_1 W + c_2 W_2}{1 - d_1 W + d_2 W_2 + d_3 W_3} \\
else \\
W = \sqrt{-2\ln(1 - P)} \\
SSDI = \dfrac{c_0 + c_1 W + c_2 W_2}{1 - d_1 W + d_2 W_2 + d_3 W_3} - W
\end{cases} \tag{6.37}
$$

式中：c_0、c_1 和 c_2 分别为 2.515517、0.802853 和 0.010328；d_1、d_2 和 d_3 分别为 1.432788、0.189269 和 0.001308。

SSDI 干旱等级划分见表 6.3。

表 6.3

SSDI 干旱等级划分

等级	重度干旱	中度干旱	轻度干旱	正常年份
SSDI	$(-\infty, -2.0]$	$(-2.0, -1.5]$	$(-1.5, -1]$	$(-1, 0)$

6.1.2.3 因旱损失评估模型

对于湖泊湿地生态系统，通过量化干旱特征（干旱持续时间 D 和干旱强度 S）与价值减少量（L）之间的关系，根据干旱特征来确定可能对湖泊湿地生态系统服务功能所造成的损失；对于天然林草生态系统，建立各月份天然林草生产力与累积干旱强度之间的关系，分析各月份生产力对干旱强度变化的敏感性。其

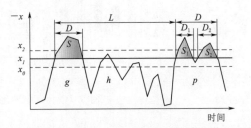

图 6.6　干旱特征定义图

中，湖泊湿地生态系统服务功能的评价方法见本书第 3.3.2 节，天然林草生态系统植被生产力估算方法见本书第 3.3.3 节。干旱特征可用游程理论予以评估，本书对干旱评价指标值取其相反数，即 $-x$，设 x_0 为阈值，由图 6.6 可知，当 $-x$ 大于或者等于 x_0 时即发生干旱，正的游程长度为干旱持续时间 D，游程总量表示干旱强度 S。假设对于两次干旱过程之间有且仅有 1 个月的 $-x$ 小于 x_0 且大于 x_1（$x_0 > x_1$），则认为是一次干旱过程，持续时间 $D = D_1 + D_2 + 1$，干旱强度 $S = S_1 + S_2$。如果对于某次干旱过程，持续时间只有 1 个月且 $-x > x_2$，则为小干旱过程，本书予以忽略；而根据上述假设可知，图 6.6 中包括 2 次干旱过程（g 和 p）。

6.2 长江上游地区林草生态系统因旱缺水风险动态评估

6.2.1 林草生态系统生态干旱时空变化特征

利用上述生态干旱评价模型，对 2000—2019 年长江上游天然林草植被生态干旱程度进行评价。2000—2019 年的多年平均干旱面积约为 15.1 万 km^2，约占整个天然林草植被面积的 21.2%，其中，发生中度干旱、重度干旱和极端干旱的面积分别为 7.1 万 km^2、4.6 万 km^2 和 3.4 万 km^2。相对于 2000—2010 年，2011—2019 年的干旱问题有所缓解，多年平均干旱面积为 12.4 万 km^2，较 2000—2010 年的多年平均值减少了 27.7%（图 6.7）。对于场次干旱的特征，经游程理论分析可知，高强度干旱多发生在贵州省北部，长历时干旱多发生在四川省西部（图 6.8）。此外，2000—2019 年金沙江中下游、岷江上游和乌江流域干旱频发，其原因在于两个方面：其一，这类地区林草地面积较广，对水资源需求量大，加之降水年际变化较大，容易发生干旱事件；其二，金沙江中下游和乌江流域有效降水减少，岷江蒸发能力增加，前者导致供水侧水资源量减少，后者导致需水侧植被生长对水资源需求量增加（图 6.9）。

6.2.2 林草生态系统因旱损失特征

根据本书 6.1.2 节中正常年份与干旱年份的区分方法，可得到长江上游地区无旱条件下

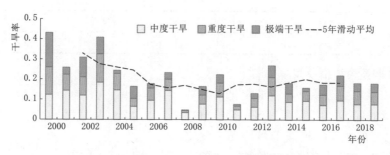

图 6.7　长江上游地区生态干旱面积年际变化

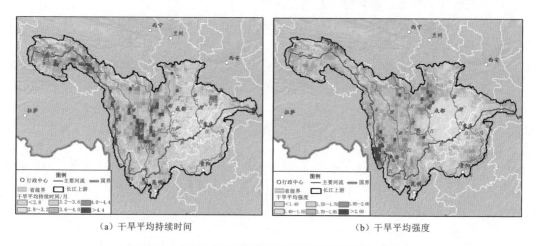

（a）干旱平均持续时间　　　　　　　　（b）干旱平均强度

图 6.8　长江上游地区场次干旱平均持续时间与强度

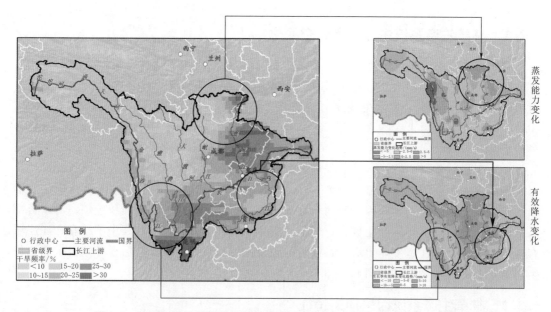

图 6.9　长江上游地区场次干旱频次及干旱高频区成因（2000—2019 年）

天然林草植被净初级生产力空间分布图，
如图6.10所示。从图6.10中可看出，金
沙江中下游地区，正常年份天然林草植被
净初级生产力相对较高，约在700gC/m²
以上；四川省北部和贵州省北部，正常年
份天然林草植被净初级生产力次之，大部
分位于500～700gC/m²之间；金沙江上游
及长江源区，正常年份天然林草植被净初
级生产力最低，普遍在500gC/m²以下。

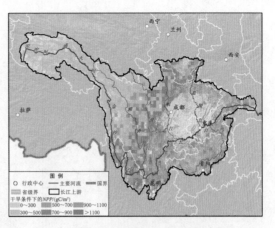

图6.10　长江上游地区无旱条件下天然
林草植被净初级生产力空间分布图

　　建立各月份植被净初级生产力与累积
干旱强度之间的关系，分析各月份植被净
初级生产力对干旱强度变化的敏感性，即
累积干旱强度每增加1个单位，当前月份
植被净初级生产力的减少量，如图6.11所示。从图6.11中可看出，整个长江上游地区天然
林草植被对干旱较为敏感的时段集中在4—9月，但不同地区的敏感时段有所差异，例如贵
州省天然林草植被对干旱较为敏感的时期主要为4月，四川省天然林草植被对干旱较为敏感
的时期主要为5月，云南省天然林草植被对干旱较为敏感的时期主要为6月。从全年来看，
月平均干旱强度每增加1个等级，长江上游地区天然林草植被初级净生产力损失约5.5%。

6.2.3　林草生态系统因旱缺水风险动态评估

6.2.3.1　干旱预测

　　以长江上游地区逐月面降水量为例分析参数变化对模拟精度的影响，选取LSTM构
建过程中的神经元数量和训练次数这2个参数分析其对预报结果的影响，其中，神经元数
量反映了网络的复杂程度，训练次数即模型迭代次数。预测方案为以前5个月的实测降水
量预测后1～3个月的降水量。以纳什效率系数（Nash-Sutcliffe efficiency coefficient,
NSE）为评价指标，研究参数变化对LSTM预报结果的影响，得到NSE的分布情
况（图6.12）。从图6.12中可以看出，在不同预见期下，NSE随着神经元数量和训练次
数的增加而呈上升趋势。其中，神经元数量的增加，代表所构建网络的复杂程度越高，可
以学习到数据更多的特征；而训练次数的增加代表迭代更多的次数，网络在学习过程中对
内部参数的更新次数越多。在所有预见期下，当训练次数达到一定数量时，与目标函数值
间的损失已经较小，再增加训练次数对模拟效果的改善已不显著；同样当神经元数量达到
一定值时，模拟精度的上升已不显著。

　　根据上述分析，当神经元个数为20、训练次数为100时，长江上游地区月降水量的
预测精度较高，表6.4不同预见期下降水预测精度评价结果，图6.13为验证期降水滚动
预测过程。从表6.4和图6.13中可看出，LSTM能够捕捉长江上游地区月降水序列的长
期时间关联性，当预见期为1～3个月时，模型对月降水预测的精度较高，NSE能达到
0.90以上，LSTM在一定程度上避免了降水预测过程中过拟合的问题。长江上游地区降
水量预测结果在验证期的表现不低于甚至要优于训练期，说明LSTM训练时对过拟合的
控制较好，未导致明显的泛化误差。

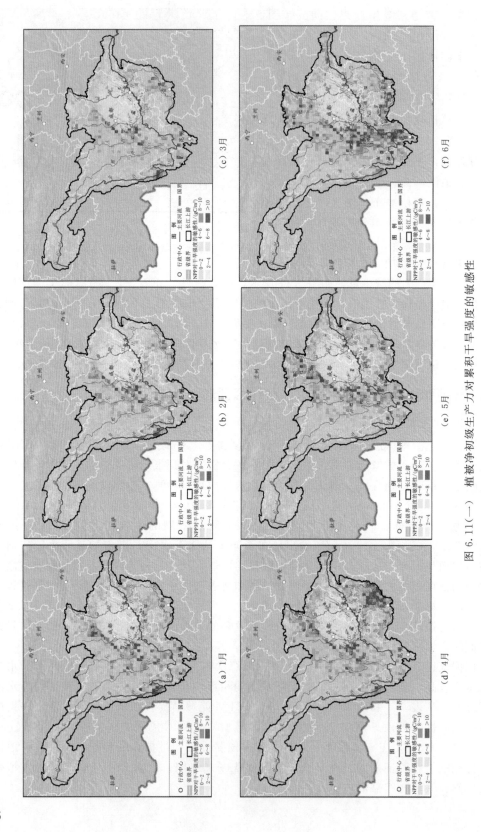

图 6.11（一）　植被净初级生产力对累积干旱强度的敏感性

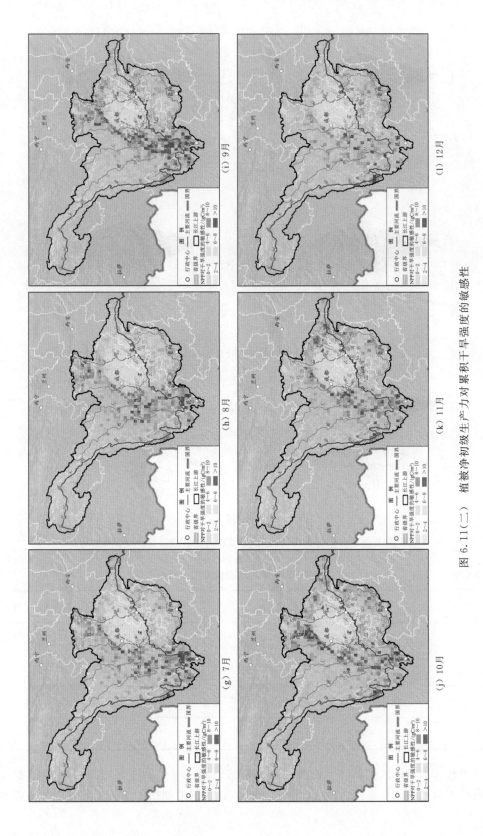

图 6.11（二）　植被净初级生产力对累积干旱强度的敏感性

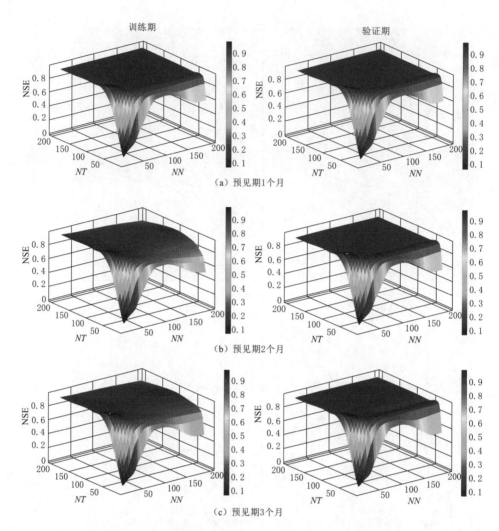

图 6.12　模型参数对模型精度的影响（NT 为训练次数，NN 为神经元个数）

表 6.4　　　　　　　　　　不同预见期下降水预测精度评价结果

时段	指标	预见期 1 个月	预见期 2 个月	预见期 3 个月
训练期	纳什效率系数	0.94	0.91	0.91
	均方根误差	14.0	16.7	16.7
验证期	纳什效率系数	0.93	0.93	0.93
	均方根误差	14.9	14.8	14.9

　　对于长江上游地区天然林草植被生态干旱的预测，同样是在利用 LSTM 对气象水文要素进行预测的基础上，结合生态干旱评价模型，对预见期内的植被生长过程中供需水关

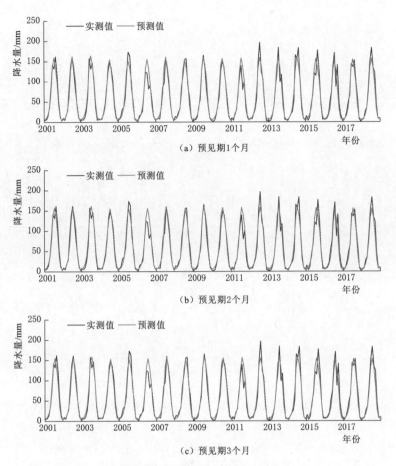

图 6.13 验证期降水预测值与实测值

系及生态干旱指数进行预测。以网格编号为 ID1146（106.40°E，28.58°N，以林地为主）
和 ID1397（103.15°E，26.83°N，以草地为主）为例，对植被生长过程中供需水关系及生
态干旱指数进行动态预测的过程（图 6.14）。从图 6.14 中可以看出，对于植被生长期内
的供水量与需水量的预测效果较优，但用预测供水量与需水量数据进行干旱评价时，得到
的干旱指数与实际干旱指数之间存在一定的偏差，这一偏差会给旱灾风险动态评估的结果
造成影响。

6.2.3.2　林草生态系统因旱缺水风险动态评估

　　根据本书第 6.2.2 节中所识别的干旱强度对长江上游地区天然林草植被净初级生产力
的影响，可推算预见期内可能的天然林草植被净初级生产力损失量，以此作为衡量干旱等
级的标准。根据干旱事件预测结果，可得到相应的损失量的变化过程，同时，从偏安全的
角度考虑，假定预见期内无供水量，在此情景下推算预见期内的干旱指数，以此作为相对
极端的情景，两种情景下的损失率如图 6.15 所示。

　　根据损失率对旱灾风险等级进行划分，本书认为低风险、中低风险、中风险、中高
风险和高风险对应的损失率分别为：0～2.5%，2.5%～5.0%、5.0%～10.0%、

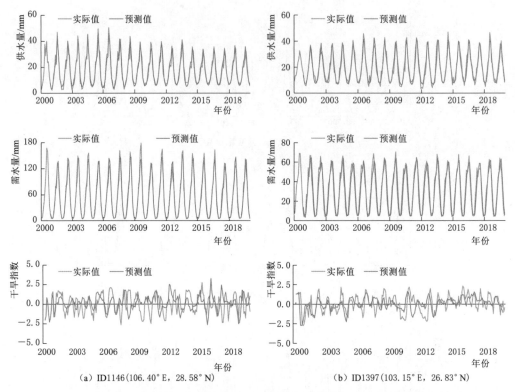

图 6.14　长江上游典型格点植被生长过程中供需水关系及生态干旱指数预测结果

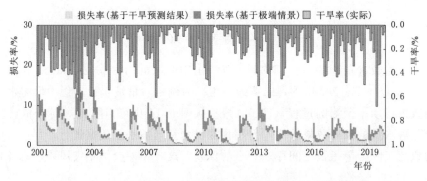

图 6.15　长江上游地区天然林草植被生态因旱缺水可能损失率

10.0% ~ 15.0% 和 > 15.0%，根据这一标准，得到长江上游地区天然林草植被因旱缺水风险动态评估结果，图 6.16 和图 6.17 以 2010 年为例，展示了基于干旱事件预测中度干旱情景和重度干旱情景的旱灾风险动态评估结果。

2001—2019 年，因旱损失动态评估结果与实际干旱影响范围的变化特征相符合，所识别的典型干旱年份（2010 年）的干旱高风险区主要位于四川省西南部和贵州省北部，与 2010 年西南大旱的空间特征较为吻合。

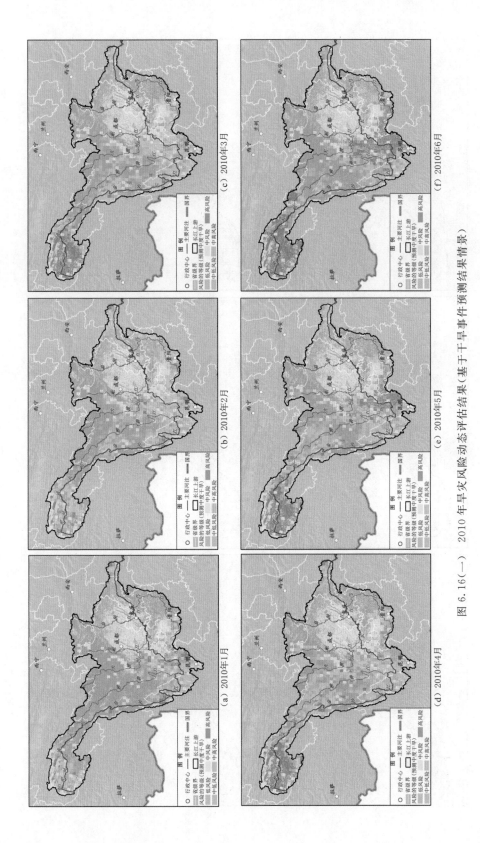

图 6.16（一） 2010 年旱灾风险动态评估结果（基于干旱事件预测结果情景）

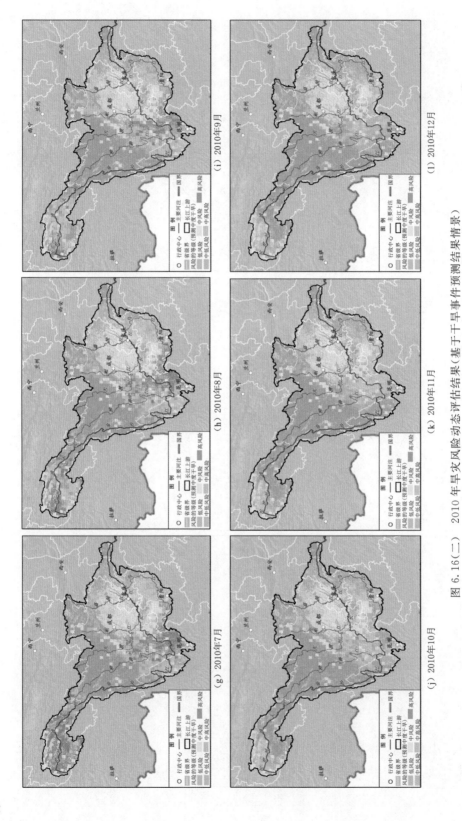

图 6.16（二）　2010 年旱灾风险动态评估结果（基于干旱事件预测结果情景）

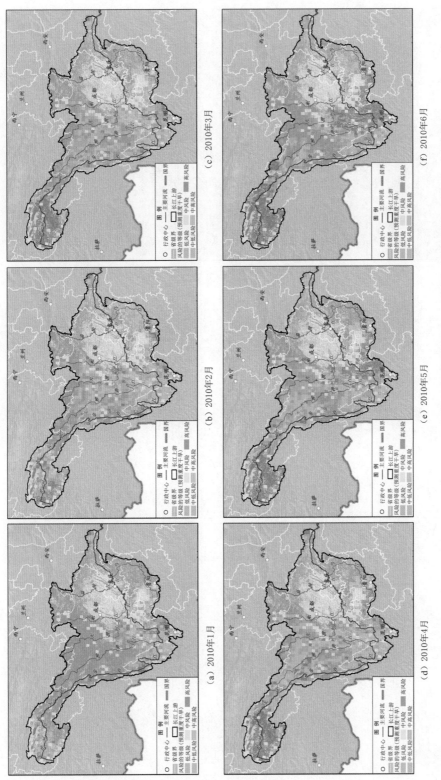

图 6.17（一） 2010 年旱灾风险动态评估结果（基于极端干旱情景）

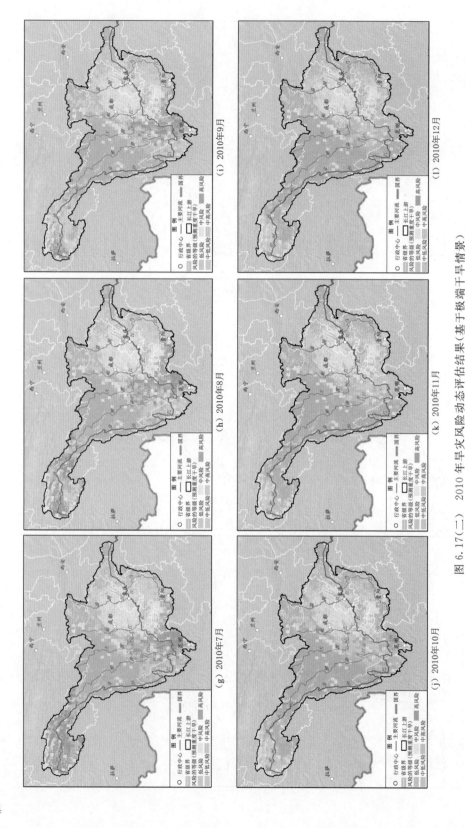

图 6.17(二) 2010 年旱灾风险动态评估结果（基于极端干旱情景）

6.3 长江中下游典型湖泊湿地生态系统因旱缺水风险动态评估

6.3.1 典型湖泊湿地生态系统生态干旱变化特征

6.3.1.1 鄱阳湖湿地生态干旱评价

1. 降水和潜在蒸发

气象数据来源于离鄱阳湖最近的南昌站，用于表征湖区气象条件状况，各气象要素日数据源于中国气象数据网，数据时间系列为 1956—2013 年，经整编得到南昌站逐月降水量，如图 6.18（a）所示；并利用逐日气温、风速、日照和相对湿度数据，结合国际粮农组织（FAO）推荐的 Penman - Monteith 方法计算潜在蒸散发［图 6.18（b）］，计算公式为

$$ET_0 = \frac{0.408\Delta(R_n - G) + \gamma\dfrac{900}{T + 273}u_2(e_s - e_a)}{\Delta + \gamma(1 + 0.34u_2)} \tag{6.38}$$

式中：ET_0 为参照腾发量，mm；R_n 为地表净辐射，MJ·m^{-2}·d^{-1}；G 为土壤热通量，MJ·m^{-2}·d^{-1}；T 为日平均气温，℃；u_2 为高 2m 处的风速，m/s；e_s 为饱和水汽压，kPa；e_a 为实际水汽压，kPa；Δ 为饱和水汽压曲线斜率，kPa·℃$^{-1}$；γ 为干湿表常数，kPa·℃$^{-1}$。

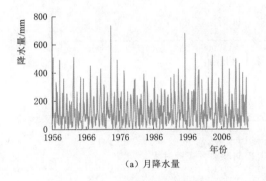
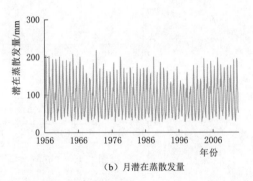

（a）月降水量　　　　　　　　　　　（b）月潜在蒸散发量

图 6.18　南昌站 1956—2013 年月降水量和潜在蒸散发量

2. 入流量和出流量

湖泊入流量利用"五河七口"的控制断面径流数据合成，即赣江—外洲站、抚河—李家渡站、信江—梅港站、饶河—渡峰坑站、饶河—虎山站、修河—虬津站和修河—万家埠站，"五河七口"控制断面月径流过程如图 6.19 所示。部分缺测数据利用降水-径流关系插补得到，经汇总后得到鄱阳湖入湖和出湖流量过程，如图 6.20 所示。其中，湖泊出流量利用湖口站流量表示。

3. 水位及水位-容积曲线

水位数据源于星子水位站，时间序列长度为 1956—2012 年，并利用星子水位站与湖口水位站水位相关性，将星子水位站的水位数据插补至 2013 年，如图 6.21 所示。

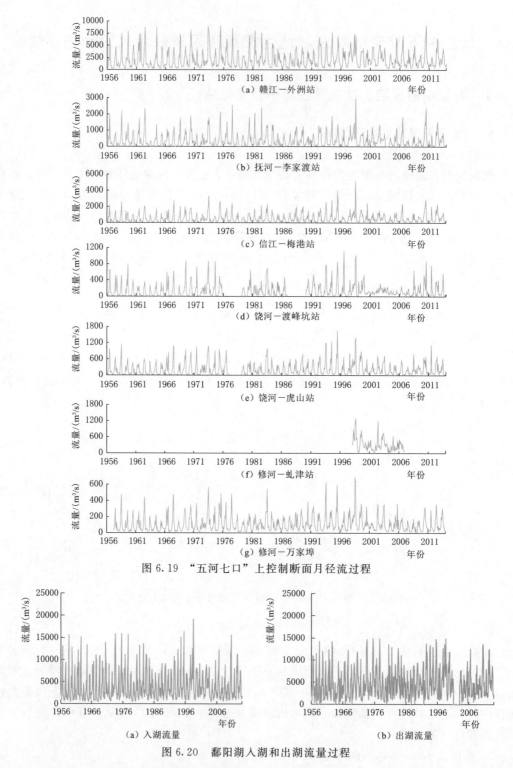

图 6.19　"五河七口"上控制断面月径流过程

图 6.20　鄱阳湖入湖和出湖流量过程

可采用体积法获取鄱阳湖水位-容积曲线（图 6.22），即根据不同水位 H 求出对应淹没区域的容积 V：

$$V = \iint_A [E_w(x, y) - E_g(x, y)] d\sigma \qquad (6.39)$$

式中：A 为水域淹没区；$d\sigma$ 为水域淹没区的面积微元；$E_w(x, y)$ 为水面高程；$E_g(x, y)$ 为陆面高程。

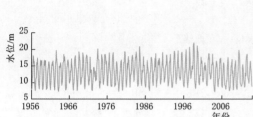

图 6.21 星子水位站水位变化过程（1956—2013 年）　　图 6.22 体积法示意图

为了便于分析，实际应用时需对公式进行改进。考虑到陆面高程数据的离散性，可采用空间差值法使得每一小方块均有一个高程数据（图 6.23）。因此可将式（6.39）可简化为

$$V = \sum_A [E_w - E_g(i)] \Delta\sigma = \sum_{i=1}^{N} [E_w - E_g(i)] \Delta\sigma \qquad (6.40)$$

式中：$A = \sum_{i=1}^{N} \Delta\sigma$；$N$ 为淹没区划分的小方块数；$E_g(i)$ 为第 i 个方块数的高程；E_w 为给定水位；$i = 1, 2, L, N$。

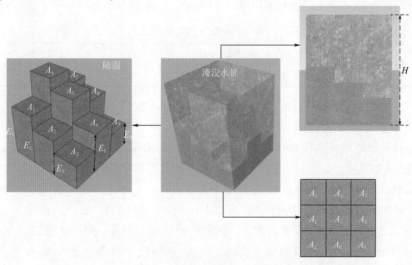

图 6.23 考虑陆面高程数据的离散性的容积计算方法示意图

167

按照上述方式，可得到鄱阳湖湖区蓄水容积与水位的关系曲线（图 6.24），由图 6.24 可知，曲线具有较为明显的分段性特征，可用式（6.41）定量描述水位与容积之间的关系。

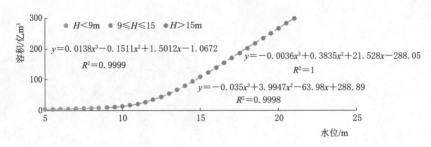

图 6.24　鄱阳湖水位-容积曲线

$$V = \begin{cases} 0.0138H^3 - 0.1511H^2 + 1.5012H - 1.0672 & H < 9 \\ -0.035H^3 + 3.9947H^2 - 63.98H + 288.89 & 9 \leqslant H < 15 \\ -0.0036H^3 + 0.3835H^2 + 21.528H - 288.05 & 15 \leqslant H \end{cases} \quad (6.41)$$

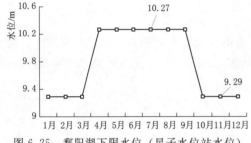

图 6.25　鄱阳湖下限水位（星子水位站水位）

式中：H 为水位，m；V 为容积，亿 m^3。

此外，根据已有的研究成果，鄱阳湖非汛期下限水位取 9.29m，汛期下限水位取 10.27m（图 6.25）。

4. 干旱指标构建及验证

根据 PLDI 干旱评价方法和相关数据，鄱阳湖 PLDI 指数可以被定义为

$$z_i = k d_i \quad (6.42)$$

$$PLDI_i = 0.80 PLDI_{i-1} + z_i / 92.13 \quad (6.43)$$

式中：k 为修正系数，见表 6.5；$PLDI_i$ 和 $PLDI_{i-1}$ 分别为第 i 月和第 $i-1$ 月干旱指数。

表 6.5　　　　　　　　　　　　　　　修正系数 k 的取值

时段	1月	2月	3月	4月	5月	6月	7月	8月	9月	10月	11月	12月
k 值	0.97	0.79	0.76	0.78	0.77	0.69	1.10	1.10	1.19	1.32	1.11	1.22

利用式（6.42）和式（6.43）计算得到最终 PLDI 指数的时间序列（图 6.26），从图 6.26 可以看出最湿润值 9.40 出现在 1998 年 7 月，而最干旱值 -5.76 出现在 2011 年 5 月。前者对应的是长江流域特大洪水年份，后者对应的是鄱阳湖特大干旱年份。此外，鄱阳湖极端干旱年份（PLDI < -4.0）出现在 1963 年、1965 年、2004 年、2007 年、2008 年和 2011 年，对应的低于下限水位的月份分别为 4 个月、3 个月、3 个月、4 个月、3 个月和 5 个月，均高于平均值 1.7 个月，即评价结果与水位记录结果较为一致。

依据图 6.26 中的评价结果，对不同等级干旱的发生频率进行统计，其结果表明 1956—2013 年鄱阳湖发生干旱的频率为 38.9%，以轻微干旱和中度干旱为主，发生频率分别为 20.0% 和 13.4%，严重及以上干旱的发生频率仅为 5.6%（图 6.27）。

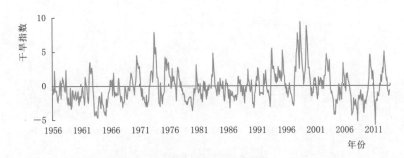

图 6.26　PLDI 指数变化过程（1956—2013 年）

5. PLDI 指数与 SPI3，SRI1 和 SZI1 的对比

图 6.28 为 PLDI 指数与 SPI3、SRI1 和 SZI1 的对比情况，从图中可看出，PLDI 指数的年际变化过程与 SPI3、SRI1 和 SZI1 较为一致，从干旱等级上看，由于 PLDI 指数波动较大，其评价的干旱程度较 SPI3、SRI1 和 SZI1 高 22%～24%；当 PLDI 为负值时，较 SPI3、SRI1 和 SZI1 指数低 14%～16%，但等级偏差

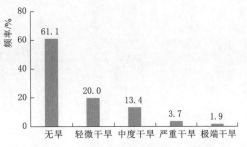

图 6.27　不同等级干旱的发生频率

大部分为 1 级（图 6.29），PLDI 指数与 SPI3、SRI1 和 SZI1 三个干旱指数的决定性系数 R^2 分别为 0.460、0.464 和 0.326，即 PLDI 与 SPI3、SRI1 和 SZI1 具有一定的相关性，且与 SPI3 和 SRI1 的相关性要高于 SZI1（图 6.30）。

6.3.1.2　洪湖湿地生态干旱评价

1. 基础数据及预处理

与鄱阳湖湿地生态干旱评价中基础资料及预处理方法类似，对洪湖湿地降水量、蒸发量、入流量、出流量和水位-容积曲线等进行计算，分别如图 6.31～图 6.33 所示。

此外，对于生态水位的计算，可采用湖泊形态法。湖泊水位与面积变化之间的关系近似于抛物线形，在某一个水位处，面积随水位的增加有一个突变，若该水位在多年平均水位附近，则可认为该水位为最低生态水位。计算步骤为：①根据水位-湖面面积-容积的关系曲线，采用内插法计算水位每上涨一个单位湖面面积的增加量；②根据水位与湖面面积增加量数据绘制水位-湖面面积增加率关系图，查找图形拐点处所对应的水位；③比较该水位与湖泊多年平均水位，确定湖泊湿地最小生态水位。

洪湖水位与湖面面积增加率的关系如图 6.34 所示。由图 6.34 可知，湖面面积增加速率随水位的上升而逐步减小。水位由 23.40m 上升到 25.10m 时，湖面面积增加率出现拐点，2006—2018 年的最低水位为 24.52m，两者相差 0.28m，可见利用湖泊形态法确定的最低水位满足与多年平均水位相差不大的条件，可以认为 24.80m 为洪湖湿地最低生态水位。

2006—2018 年的多年月平均最小水位为 24.52m，最低生态水位为 24.80m，则最小生态水位系数为 1.011。以最小生态水位系数乘以多年各月最小平均水位即得到逐月最低生态水位，见表 6.6。

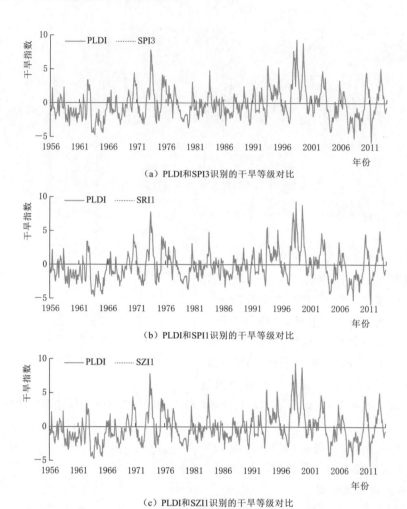

（a）PLDI和SPI3识别的干旱等级对比

（b）PLDI和SPI1识别的干旱等级对比

（c）PLDI和SZI1识别的干旱等级对比

图 6.28　PLDI 指数与 SPI3、SRI1 和 SZI1 变化过程对比

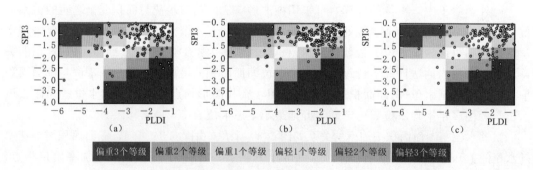

图 6.29　PLDI 指数识别的干旱等级与 SPI3、SRI1 和 SZI1 的对比

表 6.6　　　　　　　　　　　　　洪湖逐月最低生态水位

月份	1	2	3	4	5	6	7	8	9	10	11	12
水位/m	24.90	24.88	24.80	25.62	25.55	25.83	26.12	26.34	26.17	25.73	25.47	25.26

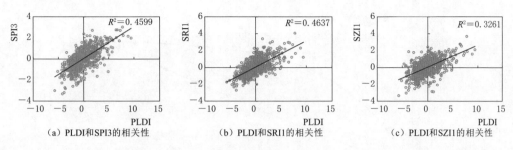

图 6.30　PLDI 指数与 SPI3、SRI1 和 SZI1 的相关性

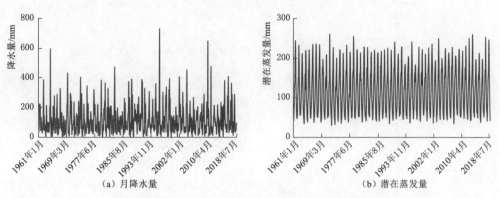

图 6.31　1961—2018 年洪湖站月降水量和潜在蒸发量

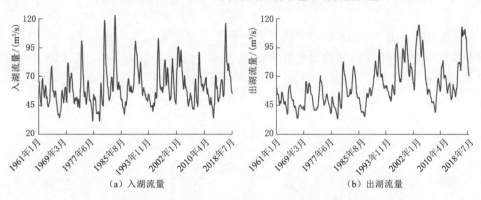

图 6.32　1961—2018 年洪湖站入湖流量和出湖流量

2. 洪湖湿地 PLDI 干旱指标构建

根据本章 6.1.2.2 节中的干旱评价方法和前文叙述的相关数据，洪湖 PLDI 指数可以被定义为

$$z_i = k d_i \tag{6.44}$$

$$\mathrm{PLDI}_i = 0.96 \mathrm{PLDI}_i - 1 + z_i / 80.28 \tag{6.45}$$

式中：k 为修正系数，见表 6.7；PLDI_i 和 PLDI_{i-1} 分别表示第 i 月和第 $i-1$ 月的干旱指数。

表 6.7　　　　　　　　　　　　　修正系数 k 的取值

时段	1 月	2 月	3 月	4 月	5 月	6 月	7 月	8 月	9 月	10 月	11 月	12 月
k 值	0.95	0.84	0.86	0.85	0.88	0.86	1.11	1.32	1.39	1.06	0.93	1.10

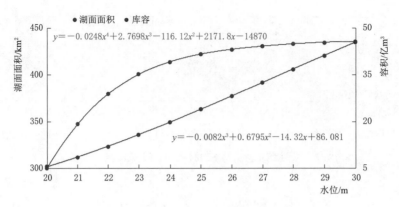

图 6.33　洪湖水位-湖面面积-容积曲线

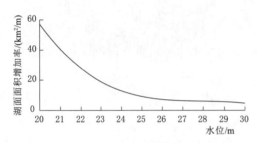

图 6.34　洪湖水位与湖面面积增加率关系图

利用式（6.44）和式（6.45）计算得到最终 PLDI 指数的时间序列（图 6.35），从图中可以看出，2006—2009 年、2011—2014 年为干旱多发时段。

3. PLDI 指数与 SPI 和 SPEI 的对比

图 6.36 为 PLDI 与其他干旱指标 SPI 和 SPEI 的对比情况，从图中可看出，PLDI 指数年际变化过程与 SPI 和 SPEI 较为一致，从干旱等级上看，由于 PLDI 波动较大，其评价的干旱程度较 SPI 和 SPEI 高。PLDI 指数与 SPI 和 SPEI 两个干旱指数的决定性系数 R^2 分别为 0.637 和 0.660，即 PLDI 与 SPI 和 SPEI 具有很好的相关性（图 6.37）。

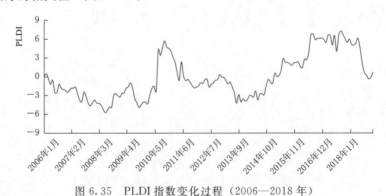

图 6.35　PLDI 指数变化过程（2006—2018 年）

4. 洪湖湿地干旱还原及人类活动影响定量评价

依次将生活取用水影响、农业灌溉取用水影响、水产养殖取用水影响和工业生产取用水影响还原，即将 2006—2018 年现状取用水状况还原成 1990—2000 年的水平。2006—2018 年生活、农业灌溉、水产养殖和工业生产取用水量较 1990—2000 年分别变化了 5.80 亿 m^3、−0.75 亿 m^3、8.50 亿 m^3 和 7.07 亿 m^3，还原后的干旱过程如图 6.38 所示。从图 6.38 中可看出，将经济社会取用水影响还原后，干旱程度有了较为明显的下降。

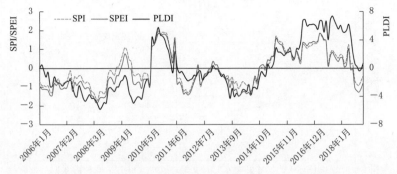

图 6.36　不同干旱指数变化过程对比（2006—2018 年）

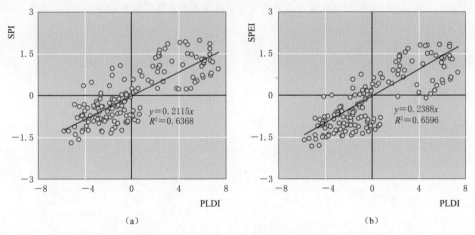

图 6.37　PLDI 与 SPI 和 SPEI 的相关性

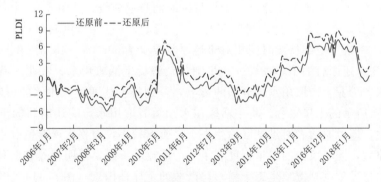

图 6.38　洪湖湿地还原前后干旱指数变化过程

　　基于图 6.38 所示的干旱指数时序变化过程，利用游程理论对场次干旱的起止时间进行判别，进而计算得到各场次干旱的平均强度。利用伽马分布对场次干旱平均强度进行拟合，得到如图 6.39 所示的还原前后干旱强度频率曲线。从图 6.39 中可以看出，还原后 10 年一遇及以上干旱的强度明显小于还原前。还原后洪湖湿地 50 年一遇、20 年一遇和 10 年一遇干旱的强度相对于还原前减少了 24.6％、20.1％和 15.6％。

　　根据所识别的各场次干旱持续时间，采用广义帕累托分布对场次干旱的持续时间进行

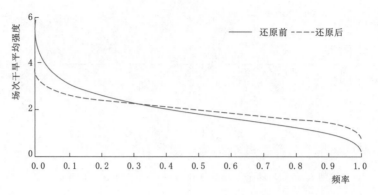

图 6.39　还原前后洪湖湿地场次干旱平均强度频率曲线

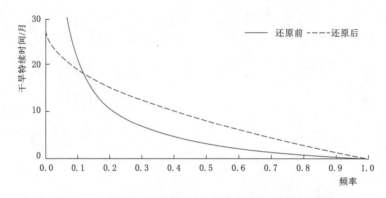

图 6.40　还原前后洪湖湿地场次干旱持续时间频率曲线

拟合，得到如图 6.40 所示的还原前后干旱持续时间频率曲线。从图 6.40 中可以看出，还原后 10 年一遇及以上干旱的持续时间明显小于还原前。还原后洪湖湿地 50 年一遇、20 年一遇和 10 年一遇干旱的持续时间相对于还原前减少了 69.7%、43.3% 和 9.9%。

对图 6.38 中还原后的干旱过程进一步细化，解析生活取用水、农业灌溉取用水、水产养殖取用水和工业生产取用水各分项的影响，分别将上述四类取用水的影响进行还原，得到如图 6.41 所示的干旱过程。将生活取用水和灌溉取用水影响还原后的干旱指数与还原前差别不大，即说明两者对洪湖湿地生态干旱影响较小，而将水产养殖取用水和工业取用水影响还原后，同时段内的干旱程度有了较为明显的下降，说明精养鱼塘和工业化伴随的用水量增加是导致洪湖湿地生态干旱形势严峻的主导性因素（图 6.41）。以干旱指数的累积负距平为评价指标，将各类取用水影响还原后，干旱指数的累积负距平相对于还原前变化了 106.60，其中，生活取用水影响较小，可忽略不计，灌溉取用水、水产养殖取用水和工业生产取用水的贡献率分别为 −5.7%、57.2% 和 48.5%。

6.3.2　典型湖泊湿地生态系统因旱损失特征

以鄱阳湖湿地为例，根据干旱年份的干旱强度与生态系统服务价值损失量，可得到如下函数关系：

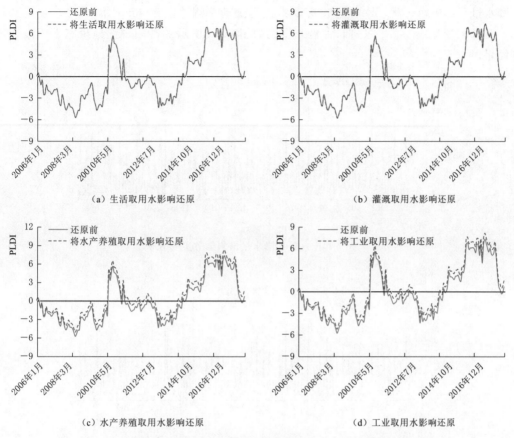

（a）生活取用水影响还原

（b）灌溉取用水影响还原

（c）水产养殖取用水影响还原

（d）工业取用水影响还原

图 6.41 将各类取用水影响还原后的洪湖湿地生态干旱指数变化过程

$$L = 4.244 e^{-\left(\frac{x-13.67}{7.272}\right)^2} \qquad (6.46)$$

式中：L 为生态系统服务价值损失量，亿元；x 为年尺度累积干旱强度。

从图 6.42 可知，当累积干旱强度小于 3 时，鄱阳湖湿地生态系统对干旱具有一定的抵抗能力，可认为该范围为鄱阳湖湿地生态系统受干旱影响的弹性范围；当累积干旱强度为 3～11 时，损失量快速增加，可认为该范围为鄱阳湖湿地生态系统受干旱影响的弹塑性范围；当累积干旱强度超过 11 时，损

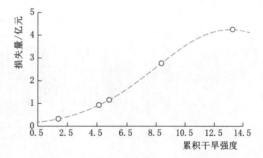

图 6.42 累积干旱强度与生态系统服务价值损失量之间的关系

失量随累积干旱强度的增加趋势并不明显，可认为该范围为鄱阳湖湿地生态系统受干旱影响的塑性范围。

6.3.3 典型湖泊湿地生态系统因旱缺水风险动态评估

1. 鄱阳湖湿地生态干旱滚动预测

鉴于 LSTM 对气象水文要素预测的结果相对较好，因此采用 LSTM 对鄱阳湖湿地湖

区降水过程、来水过程、水位过程等要素进行滚动预测（图 6.43～图 6.45），在此基础上，对鄱阳湖湿地生态干旱进行评价，得到如图 6.46 所示的鄱阳湖湿地生态干旱滚动预测结果。

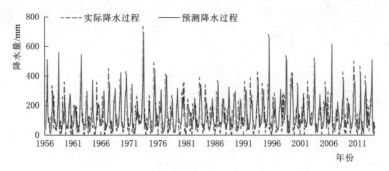

图 6.43 鄱阳湖湿地降水量预测值与实测值对比

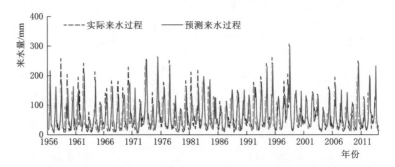

图 6.44 鄱阳湖湿地来水量预测值与实测值对比

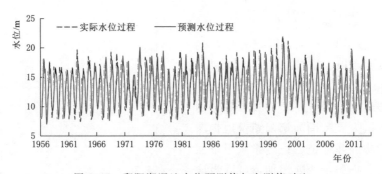

图 6.45 鄱阳湖湿地水位预测值与实测值对比

对图 6.46 中的结果进行分析可知，鄱阳湖湿地生态干旱等级预测结果与实际情况相比，偏轻 3 个等级、偏轻 2 个等级、偏轻 1 个等级、与实际相符、偏重 1 个等级和偏重 2 个等级的比例分别为 0.6%、6.6%、19.7%、65.1%、7.6% 和 0.4%（图 6.47），即在约 3/4 的时段内，干旱预测结果与实际情况相符或比实际情况略高，从偏安全的角度来看，鄱阳湖湿地生态干旱预测结果可用于后续的旱灾风险动态评估。

2. 鄱阳湖湿地生态因旱缺水风险动态评估

根据前文构建的干旱特征-因旱损失之间的函数方程，可推算预见期内可能的生态系

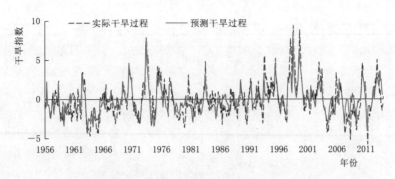

图 6.46 鄱阳湖湿地生态干旱指数预测值与实测值对比

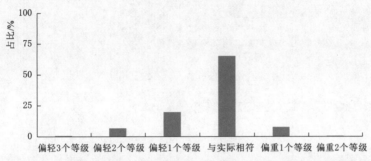

图 6.47 鄱阳湖湿地生态干旱等级预测值与实测值对比结果的占比

统服务价值损失量,以此作为衡量干旱等级的标准。根据干旱事件预测结果,可得到相应的损失量的变化过程,如图 6.48 所示。

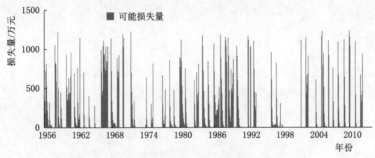

图 6.48 鄱阳湖湿地生态因旱缺水可能损失量

利用伽马函数对上述损失量进行拟合(图 6.49),通过 $P = 20\%$、40%、60% 和 80% 所对应的损失值将损失量划分为 5 个区间,分别对应 5 种风险等级,即低风险($0 < L \leqslant 1$)、中低风险($1 < L \leqslant 15$)、中风险($15 < L \leqslant 100$)、中高风险($100 < L \leqslant 400$)和高风险($L \geqslant 400$)。根据上述阈值,并结合图 6.49 中的结果,可对旱灾风险等级进行动态研判,其结果如图 6.50 所示。

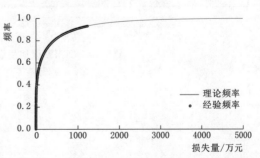

图 6.49 因旱可能损失量累积概率密度曲线

	1月	2月	3月	4月	5月	6月	7月	8月	9月	10月	11月	12月
1956年	5	5	4	4	5	5	5	4	4	4	3	2
1957年	4	3	3	3	3	3	2	2	1	1	1	1
1958年	5	5	5	5	1	1	5	5	4	3	2	2
1959年	5	4	4	2	1	1	1	1	1	1	1	1
1960年	5	5	4	4	5	5	5	4	5	5	5	1
1961年	1	1	1	1	1	5	4	4	3	3	3	2
1962年	5	4	4	3	4	5	1	1	1	1	1	1
1963年	1	5	4	3	1	1	1	1	1	1	1	1
1964年	4	4	3	2	1	1	1	1	1	1	1	1
1965年	4	3	2	2	1	1	1	1	1	1	1	1
1966年	1	1	5	5	5	5	5	5	5	5	5	5
1967年	5	5	5	5	5	1	1	1	1	1	1	5
1968年	5	4	4	3	3	3	3	3	3	3	2	2
1969年	5	5	5	5	5	1	1	1	1	1	1	1
1970年	5	5	1	1	1	1	1	1	1	1	1	1
1971年	1	1	1	1	1	5	5	5	4	4	3	2
1972年	4	3	3	2	1	1	1	1	1	1	1	1
1973年	1	1	1	1	1	1	1	1	1	1	1	1
1974年	1	1	5	4	2	1	1	1	1	1	1	1
1975年	4	3	3	4	5	1	1	1	1	1	1	1
1976年	1	1	1	1	1	1	1	1	1	1	1	1
1977年	5	4	3	3	3	4	5	1	1	1	1	1
1978年	1	1	1	5	4	3	3	3	3	2	2	1
1979年	5	4	3	3	2	2	2	2	1	1	1	1
1980年	5	5	5	5	5	5	4	4	4	3	3	3
1981年	5	4	4	3	2	1	1	1	1	1	1	1
1982年	1	1	1	1	1	1	1	5	4	3	3	2
1983年	5	5	4	5	1	1	1	1	1	1	1	1
1984年	5	5	5	5	4	4	3	3	2	2	2	2
1985年	5	5	5	4	3	2	1	1	1	1	1	1
1986年	5	5	5	4	4	4	4	4	4	4	4	5
1987年	1	1	5	5	5	5	4	3	3	2	2	2
1988年	5	5	5	5	1	1	5	5	5	4	4	3
1989年	5	5	5	5	5	5	1	1	1	1	1	1
1990年	5	5	5	4	4	4	3	2	2	2	2	2
1991年	1	1	1	1	1	1	1	1	1	1	1	1
1992年	5	5	1	1	5	5	1	1	1	1	1	1
1993年	5	5	5	4	4	5	1	1	1	1	1	1
1994年	1	1	1	1	1	1	1	1	1	1	1	1
1995年	1	1	1	1	1	1	1	1	1	1	1	1
1996年	1	5	5	4	3	3	3	3	3	3	3	3
1997年	5	4	4	3	2	2	2	2	3	4	1	1
1998年	1	1	1	1	1	1	1	1	1	1	1	1
1999年	1	1	1	1	1	1	1	1	1	1	1	1
2000年	1	1	1	1	1	1	1	1	1	1	1	1
2001年	1	1	1	1	1	5	1	1	1	1	1	1
2002年	1	1	1	5	5	5	5	5	5	1	1	1
2003年	1	1	1	1	1	1	1	1	1	1	1	1
2004年	5	4	3	2	1	1	1	1	1	1	1	1
2005年	5	5	1	5	5	5	4	3	3	2	2	2
2006年	1	1	1	5	1	1	1	1	1	1	1	1
2007年	1	5	4	3	2	2	1	1	1	1	1	1
2008年	5	5	4	3	2	2	2	2	2	2	2	2
2009年	1	5	5	4	3	2	2	2	1	1	1	1
2010年	5	5	5	1	1	1	1	1	1	1	1	1
2011年	1	5	5	3	2	1	1	1	1	1	1	1
2012年	5	5	4	5	5	1	1	1	1	1	1	1
2013年	1	1	1	1	1	1	1	1	1	1	1	1

1	2	3	4	5
低风险	中低风险	中风险	中高风险	高风险

图 6.50　鄱阳湖湿地生态因旱缺水风险动态评估

第7章
结　论

本书在揭示农业、城市、生态等承灾体对干旱缺水的响应机理基础上，构建了农业、城市、生态旱灾风险动态评估技术，并在典型示范区实现了应用。本书主要研究内容及结论如下：

1. 研究了农业、城市、生态等不同承灾对象对干旱缺水的响应机理

本书首先在学科调研、文献学习的基础上，分析了风险概念及有关风险的基础理论，并结合干旱灾害的特点及抗旱研究的实际需求，提出了干旱灾害风险的定义。为了实现对旱灾风险的定性定量评估，进一步提出了旱灾风险的表达式，为旱灾风险评估与风险管理提供了理论基础。

通过田间试验和作物模型模拟两种方式互相补充，研究了不同下垫面条件下，不同种类作物、不同供水水源条件下，以及不同类型产业、不同来水条件下的水域生态对不同强度和历时组合的干旱事件的响应机制，系统揭示了农业、城市、生态等不同承灾对象的旱灾风险孕育机理。

在农业方面，选择东北地区的春玉米和长江中下游地区的水稻作为研究对象，通过田间试验和模型模拟相结合的方式，选择平水年，并依据土壤含水量、SPI、断水天数等不同水分指标设置干旱缺水情景，研究作物在不同生育期对不同程度干旱缺水的响应。研究结果表明，春玉米在不同生育期发生干旱缺水时，对产量的影响表现为：拔节期—抽雄期＞播种前＞苗期＞开花期—吐丝期＞乳熟期—成熟期，其中当拔节期—抽雄期发生特大干旱时，会造成70％左右的减产。当多个生育期同时发生干旱缺水时，影响有叠加效果。水稻在分蘖期及拔节期—孕穗期对水分最敏感，此时断水对其生长和后期产量的影响最大，断水时间越长，减产越大，如拔节后断水20天，将减产近70％。其次，分蘖后断水对生物量的影响较为明显，进而导致减产。其余生育期不是水稻对水分最敏感的时期，且此时的作物有一定的适应能力，因此断水的影响较小。最后，根据研究结果提出了干旱期的灌溉建议。

在城市方面，研究了城市干旱驱动因素及不同产业缺水损失响应变化特征，基于河道径流型、水库蓄水型、联合供水型等不同水源来水亏缺过程与不同产业需水过程的耦合关系，研究了城市产业旱灾风险致灾机理、临界阈值，构建了基于 HARA 函数不同产业用水效益和因旱损失模拟模型，基于不同频率下的河道水面线、水库水位特征值、取水口高程分布，揭示了不同类型水源干旱及致灾临界水位。研究结果表明，重点工业、一般工业及居民生活对因旱缺水的敏感性不同，其中一般工业由于用水基数大、单位用水效益较低，且辅助生产和附属生产用水部分可适当压缩，在同等因旱缺水情况下其损失率最低。

城市旱灾损失-干旱缺水量之间存在非线性边际递增的变化特征，通过对 HARA 函数参数的率定，可较好地模拟城市产业-缺水率关系曲线的变化规律。

在生态方面，阐述了干旱对生态系统规模、生态系统结构、生态系统景观格局和生态系统功能等多个方面的影响，在此基础上，揭示了典型生态系统对干旱的响应特征。对于典型湖泊湿地生态系统——翻阳湖湿地生态系统，湖面面积每减少 $1km^2$，生态系统服务价值减少 8.9×10^6 元；入湖流量每减少 10%，生态系统服务功能价值减少 8.2%。对于长江上游林草生态系统，因旱致灾的降水阈值分布遵循纬向梯度。从低纬度到高纬度，从湿润区到干旱区，降水阈值逐渐减少。从区域上看，金沙江中下游和成都平原地区，人工栽培植被较多，降水阈值普遍在 $550 \sim 700mm$ 之间，大渡河流域、乌江流域、嘉陵江流域，天然林草植被分布较广，降水阈值普遍在 $700mm$ 以上。从类型上看，长江上游地区，林地、灌木和草地因旱致灾的降水阈值分别为 $817.4mm$、$846.2mm$ 和 $651.mm$。

2. 研发了农业旱灾风险动态评估技术并实现应用

本书结合农业旱灾静态风险理论，丰富和完善了农业旱灾风险动态评估初步理论框架。农业旱灾风险，即未来干旱事件发生、发展演变的趋势概率以及不同趋势发生下对农业造成的潜在损失和影响。农业旱灾风险动态评估包含对未来气象的预测，分析未来干旱事件的演变规律及可能影响，其研究对象为具体的干旱事件，表现为气象过程的随机变化，刻画了风险随时间的变化，主要服务于灾中应对。基于农业旱灾风险的定义，分析农业旱灾发生的趋势概率以及未来可能造成的农业损失。提出了农业旱灾风险动态评估模型，该模型假设干旱发展演变为随机事件，评估其随机演变对农作物产量造成的损失。其中对干旱趋势的随机演变的描述选用天气发生器随机生成未来气象要素大量样本实现，利用随机生成的大量未来气象数据模拟样本驱动作物模型，模拟未来不同旱灾演变对农业可能造成的产量损失。该模型基于乘法模型，定义产量因旱损失率的期望，实现对农业旱灾风险的定量、滚动、实时评估，并在东北地区和长江中下游地区分别针对主要农作物春玉米和水稻开展了应用研究。

3. 研发了城市因旱缺水风险动态评估技术并实现应用

在城市旱灾风险动态评估技术层面，研发了适用于河道径流型、水库蓄水型和联合供水型水源的城市干旱指数及等级标准，创新提出了基于 HARA 函数和实时动态优化的城市旱情缺水配置、损失量化及预测模型，可动态模拟城市不同产业旱情风险。该技术主要基于产业需水-水源供水平衡原理和干旱累积影响-价值损失量响应关系，通过对旱情危险性、脆弱性和旱情发展程度的动态预判，实现旱灾风险的实时滚动预测和评价，技术核心在于基于 HARA 函数的用水效益和缺水损失模型、基于动态优化的城市干旱缺水量配置模型，以及对前期来水亏缺、未来来水变化趋势的多尺度集合预报模型。

4. 研发了生态因旱缺水风险动态评估技术并实现应用

以湖泊湿地和天然林草两大类生态系统为研究对象，在以往研究基础上，分别从湖泊水量平衡和林草植被生长期供需适配的角度，构建了适用于湖泊湿地生态系统和天然林草生态系统的干旱评价指标及等级标准，形成了面向不同对象的生态干旱评价模型，该模型在鄱阳湖与洪湖湿地的应用结果表明，与传统气象水文干旱评价模型相比，本书构建的生态干旱评价模型对干旱事件的辨识更为精准；在长江上游地区的应用结果表明，生态干旱评价模型，能更好地反映植被生长过程中对水分胁迫的响应规律。

典型湖泊湿地生态系统干旱强度与生态系统服务价值损失量之间符合高斯函数关系，当累积干旱强度小于 3 时，为受干旱影响的弹性范围而累积；当干旱强度介于 3～11 之间时，为受干旱影响的弹塑性范围；而当累积干旱强度超过 11 时，为受干旱影响的塑性范围。长江上游地区的贵州省、四川省和云南省天然林草植被对干旱较为敏感的时期分别为 4 月、5 月和 6 月，从全年来看，月平均干旱强度每增加 1 个等级，长江上游地区天然林草植被净初级生产力损失约 5.5%。

通过辨识湖泊湿地生态系统和林草生态系统的服务价值及其对干旱的响应特征，提出了可量化"生态干旱-价值损失"映射关系的函数方程，用以表征因旱缺水条件下不同类型生态系统的灾损特征，进而耦合干旱预测，动态研判指定预见期下的旱灾风险。长江中下游地区的鄱阳湖湿地生态系统和长江中上游的林草生态系统应用结果表明，所构建的模型能够较好地识别出干旱高风险区和高风险时段。

参 考 文 献

［1］ 水利部《中国水旱灾害防御公报》编写组. 中国水旱灾害防御公报 2021 ［M］. 北京：中国水利水电出版社，2022.

［2］ ZHANG X，CHEN N C，SHENG H，et al. Urban drought challenge to 2030 sustainable development goals ［J］. Science of the Total Environment，2019，693 (25)：133536.

［3］ 屈艳萍，吕娟，苏志诚，等. 湖南长沙市城市干旱预警研究 ［J］. 中国防汛抗旱，2012，22 (6)：12 – 15.

［4］ QIAN L X，WANG H R，ZHANG K N. Evaluation criteria and model for risk between water supply and water demand and its application in Beijing ［J］. Water Resources Management，2014，28 (13)：4433 – 4447.

［5］ 刘丙军，陈晓宏，张灵. 中国南方季节性缺水地区水资源合理配置研究 ［J］. 水利学报，2007，38 (6)：732 – 737.

［6］ 金菊良，费振宇，郦建强. 基于不同来水频率水量供需平衡分析的区域抗旱能力评价方法 ［J］. 水利学报，2013，44 (6)：687 – 693.

［7］ 金菊良，宋占智，崔毅. 旱灾风险评估与调控关键技术研究进展 ［J］. 水利学报，2016，47 (3)：398 – 412.

［8］ 吴玉成，吕娟，屈艳萍. 城市干旱及干旱指标初探 ［J］. 中国防汛抗旱，2010 (2)：35 – 37.

［9］ WANG P，QIAO W H，WANG Y Y. Urban drought vulnerability assessment—A framework to integrate socio – economic，physical，and policy index in a vulnerability contributionanalysis ［J］. Sustainable Cities and Society，2020，54：102004.

［10］ 韩宇平，阮本清. 区域供水系统供水短缺的风险分析 ［J］. 宁夏大学学报 (自然科学版)，2003，24 (2)：129 – 133.

［11］ 陈鹏，邱新法，曾燕. 城市干旱风险评估 ［J］. 生态经济，2010 (7)：158 – 161.

［12］ STEWART I T，ROGERS J，GRANAM A. Water security under severe drought and climate change：Disparate impacts of the recent severe drought on environmental flows and water supplies in Central California ［J］. Journal of Hydrology X，2020，7：100054.

［13］ YU F，LI X Y，HAN X S. Risk response for urban water supply network using case – based reasoning during a naturaldisaster ［J］. Safety Science，2018，106：121 – 139.

［14］ NAZEMI A，MADANI K. Urban water security：Emerging discussion and remaining challenges ［J］. Sustainable Cities and Society，2018，41：925 – 928.

［15］ CAO T，WANG S G，CHEN B. Water shortage risk transferred through interprovincial trade in Northeast China ［J］. Energy Procedia，2019，158：3865 – 3871.

［16］ GAO X P，LIU Y Z，SUN B. Water shortage risk assessment considering large – scale regional transfers：a copula – based uncertainty case study in Lunan，China ［J］. 2018，25 (23)：23328 – 23341.

［17］ DESBUREAUX S，RODELLA A. Drought in the city：The economic impact of water scarcity in Latin American metropolitan areas ［J］. World Development，2019，114：13 – 27.

［18］ HE X G，ESTES L，KONAR M，et al. Integrated approaches to understanding and reducing drought impact on food security acrossscales ［J］. 2019，40：43 – 54.

[19] WANG Y M, YANG J, CHANG J X, et al. Assessing the drought mitigation ability of the reservoir in the downstream of the Yellow River [J]. Science of the Total Environment, 2019, 646: 1327 - 1335.

[20] 傅文华, 康永辉. 广西社会经济干旱特征及抗旱效益与对策 [J]. 人民长江, 2016 (s1): 1 - 8.

[21] 钱龙霞, 张韧, 王红瑞, 等. 基于 MEP 和 DEA 的水资源短缺风险损失模型及其应用 [J]. 水利学报, 2015, 46 (10): 1199 - 1206.

[22] 刘学峰, 苏志诚, 吕娟, 等. 城市抗旱经济效益评估方法探讨及实践 [J]. 中国防汛抗旱, 2009 (6): 15 - 18.

[23] 黄显峰, 周祎, 阎祎. 基于能值分析的生态供水效益量化方法 [J]. 水利水电科技进展, 2019, 39 (2): 12 - 15.

[24] 罗乾, 方国华, 黄显峰. 基于能值理论分析方法的工业供水效益研究 [J]. 水利科技与经济, 2011, 17 (5): 37 - 40.

[25] 高志玥, 李怀恩, 张倩. 宝鸡峡灌区农业供水效益 C_D 函数岭回归分析 [J]. 干旱地区农业研究, 2018, 36 (6): 33 - 40.

[26] ALI A M, SHAFIEE M E, BERGLUND E Z. Agent - based modeling to simulate the dynamics of urban water supply: Climate, populationgrowth, and watershortages [J]. Sustainable Cities and Society, 2017, 28: 420 - 434.

[27] 王珍, 段孟辰. 我国干旱灾害经济损失评估研究进展 [J]. 安徽农业科学, 2015, 43 (26): 115 - 117.

[28] 李洁, 宁大同, 程红光, 等. 基于 3S 技术的干旱灾害评估研究进展 [J]. 中国农业气象, 2005, 26 (1): 49 - 52.

[29] 桑琰云, 崔占峰, 徐刚, 等. 旱灾经济损失估值初步研究 [J]. 山西师范大学学报 (自然科学版), 2004, 18 (1): 102 - 109.

[30] ADAMS E A, STOLER J, ADAMS Y. Water insecurity and urban poverty in the Global South: Implications for health and humanbiology [J]. American Journal of Human Biology, 2020, 32 (1): 23368.

[31] GÜNERALP B, GÜNERALP O, LIU Y. Changing global patterns of urban exposure to flood and drough thazards [J]. Global Environment Change, 2015, 31: 217 - 225.

[32] 粟晓玲, 梁筝. 关中地区气象水文综合干旱指数及干旱时空特征 [J]. 水资源保护, 2019, 35 (4): 17 - 23.

[33] PARK S Y, SUR C, LEE J H, et al. Ecological drought monitoring through fish habitat - based flow assessment in the Gam River Basin of Korea [J]. Ecological Indicators, 2020, 109: 105830.

[34] 马寨璞, 刘强, 井爱芹. 白洋淀防洪排涝与生态干旱监测数字化研究 [J]. 河北大学学报 (自然科学版), 2006, 26 (5): 536 - 541.

[35] 张丽丽, 殷峻暹, 侯召成. 基于模糊隶属度的白洋淀生态干旱评价函数研究 [J]. 河海大学学报 (自然科学版), 2010, 38 (3): 252 - 257.

[36] 侯军, 刘小刚, 严登华, 等. 呼伦湖湿地生态干旱评价 [J]. 水利水电技术, 2015, 46 (4): 22 - 25.

[37] JAMIE M E, BATHKE D J, NINA B, et al. Ecological drought: accounting for the non - human impactsof water shortage in the upper Missouri headwaters basin, Montana , USA [J]. Resources, 2018, 7 (1): 1 - 14.

[38] KIM J S, JAIN S, LEE J H, et al. Quantitative vulnerability assessment of water quality to extreme drought in a changing climate [J]. Ecological Indicators, 2019, 103: 688 - 697.

[39] 杜灵通, 刘可, 胡悦, 等. 宁夏不同生态功能区 2000—2010 年生态干旱特征及驱动分析 [J]. 自

然灾害学报，2017，26（5）：149－156.

[40] 王兆礼，黄泽勤，李军，等. 基于 SPEI 和 NDVI 的中国流域尺度气象干旱及植被分布时空演变 [J]. 农业工程学报，2016，32（14）：177－186.

[41] 杨强，王婷婷，陈昊，等. 基于 MODIS EVI 数据的锡林郭勒盟植被覆盖度变化特征 [J]. 农业工程学报，2015，31（22）：191－198.

[42] YANG Z，DI L，YU G，et al. Vegetation condition indicesfor crop vegetation condition monitoring [C]//Proceedings of the International Geoscience and Remote Sensing Symposium. Vancouver：British Columbia，2011：3534－3537.

[43] SONG C，YUE C，ZHANG W，et al. A remote sensingbased method for drought monitoring using the similarity between drought eigenvectors [J]. International Journal of Remote Sensing，2019，40（23）：8838－8856.

[44] 牛文娟，苟思，刘超，等. 生态干旱初探 [J]. 灌溉排水学报，2016，35（s1）：84－89.

[45] ABBE C. Drought [J]. Monthly Weather Review，1894，22：323－324.

[46] HAVENS A V. Drought and agriculture [J]. Weatherwise，1954，7：51－55.

[47] WMO. Report on drought and countries affected by drought during 1974－1985 [R]. WMO，Geneva，1986.

[48] UNISDR. Drought risk reduction framework and practices：Contributing to the implementation of the Hyogo framework for action [R]. Geneva：United Nations secretariat of the International Strategy for Disaster Reduction（UNISDR），2009.

[49] BREDEMEIER C. Research tests the relations between normalized difference vegetation index（NDVI）and grain yield of four wheat cultivars [J]. Ciência Rural，2013，43（7）：27－35.

[50] JIAO W，ZHANG L，CHANG Q，et al. Evaluating an enhanced vegetation condition index（VCI）based on VIUPD for drought monitoring in the Continental United States [J]. Remote Sensing，2016，8（3）：224.

[51] ZHANG L，JIAO W，ZHANG H，et al. Studying drought phenomena in the Continental United States in 2011 and 2012 using various drought indices [J]. Remote Sensing of Environment，2017，190：96－106.

[52] TIAN M，WANG P，KHAN J. Drought Forecasting with Vegetation Temperature Condition Index Using ARIMA Models in the Guanzhong Plain [J]. Remote Sensing，2016，8（9）.

[53] NICHOL J E，ABBAS S. Integration of remote sensing datasets for local scale assessment and prediction of drought. [J]. Science of the Total Environment，2015，505：503.

[54] ZORMAND S，JAFARI R，KOUPAEI S S. Assessment of PDI，MPDI and TVDI drought indices derived from MODIS Aqua/Terra Level 1B data in natural lands [J]. Natural Hazards，2017，86：1－21.

[55] 谢应齐. 关于干旱指标的研究 [J]. 自然灾害学报，1993，2（2）：55－62.

[56] HEIM J，RICHARD R. A review of twentieth－century drought Indices used in the united states [J]. Bulletin of the American Meteorological Society，2002，83（8）：1149－1165.

[57] 袁文平，周广胜. 干旱指标的理论分析与研究展望 [J]. 地理科学进展，2004，19（6）：982－991.

[58] 刘庚山，郭安红，安顺清，等. 帕默尔干旱指标及其应用研究进展 [J]. 自然灾害学报，2004，13（4）：21－27.

[59] 王劲松，郭江勇，周跃武，等. 干旱指标研究的进展与展望 [J]. 干旱区地理，2007，30（1）：60－65.

[60] 侯英雨，何延波，柳钦火，等. 干旱监测指数研究 [J]. 生态学杂志，2007，26（6）：892－897.

[61] 张俊，陈桂亚，杨文发. 国内外干旱研究进展综述 [J]. 人民长江，2011，42（10）：65－69.

[62] 闫桂霞，陆桂华. 基于 PDSI 和 SPI 的综合气象干旱指数研究 [J]. 水利水电技术，2009，

40 (4)：10 - 13.

[63] 单琨，刘布春，刘园，等．基于自然灾害系统理论的辽宁省玉米干旱风险分析 [J]．农业工程学报，2012，28 (8)：186 - 194.

[64] 秦越，徐翔宇，许凯，等．农业旱灾风险模糊评价体系及其应用 [J]．农业工程学报，2013，29 (10)：83 - 91.

[65] 屈艳萍，高辉，吕娟，等．基于区域灾害系统论的中国农业旱灾风险评估 [J]．水利学报，2015，46 (8)：908 - 917.

[66] 国家防汛抗旱总指挥部办公室．防汛抗旱专业干部培训教材 [M]．北京：中国水利水电出版社，2010.

[67] SMITH K. Environmental hazards：Assessing risk and reducing disaster (2nd edition) [M]．New York：Routledge，1996.

[68] SHRESTHA B P. Uncertainty in risk analysis of water resources systems under climate change [C]//Risk，Reliability，Uncertainty and Robustness of Water Resources systems，Cambridge University Press，2002：153 - 160.

[69] MASKREY A. Disaster Mitigation：A community based approach [M]．Oxfam，1989.

[70] TOBIN G A，MONTZ B E. Natural hazards：Explanation and integration [M]．New York：The Guilford Press，1997.

[71] DEYLE R E，FRENEH S P，Olshans R B. Hazard Assessment：The factual basis for planning and mitigation [M]．Washington D C：Joseph Henry Press，1998.

[72] EINSTEIN H H. Landslide risk management procedure [C]//Proceedings of the Fifth International Symposium on Landslide，Lausanne，Switzerland，1988，2：1075 - 1090.

[73] 黄崇福．自然灾害风险评价理论与实践 [M]．北京：科学出版社，2004.

[74] 崔保山，杨志峰．湿地学 [M]．北京：北京师范大学出版社，2006.

[75] NICHOLAS R B，LAKE P S，ANGELA H A. The impacts of drought on freshwater ecosystems：an Australian perspective [J]．Hydrobiologia，2008，(600)：3 - 16.

[76] 王青，严登华，翁白莎，等．流域干旱对淡水湖泊湿地生态系统的影响机制 [J]．湿地科学，2012，10 (4)：397 - 403.

[77] BURKETT V R，KUSLER J. Climate Change：Potential impacts and interactions in wetlands of the United States [J]．Journal of the AmericanWater Resources Association，2000，36：313 - 320.

[78] LAKE P S. Ecological effects of perturbation by drought in flowingwaters [J]．Freshwater Biology，2003，48：1161 - 1 172.

[79] BOULTON A J. Parallels and contrasts in the effects of drought on stream macroinvertebrate assemblages [J]．Freshwater Biology，2003，48：1173 - 1185.

[80] ELLIOTT J M. Periodic habitat loss alters the competitive coexistence between brown trout and bullheads in a small stream over 34years [J]．Journal of Animal Ecology，2006，(75)：54 - 63.

[81] 余新晓，牛健植，关文彬，等．景观生态学 [M]．北京：高等教育出版社，2006.

[82] SKAGGS R W，AMATYA D. Characterization and evaluation of proposed hydrologic criteria for wetlands [J]．Journal Soil and water Conservation，1994，49 (5)：501 - 510.

[83] SHIEL R J. A guide to the identification of rotifers，cladocerans and copepods from Australian inland waters，Identification guideNo. 3 [M]．Albury：CRC for Freshwater Ecology，1995.

[84] METZKER K D，MITSCH W J. Modeling self - design of the aquatic community in a nuwly created freshwater wetland [J]．Ecological Modeling，1997，100：61 - 86.

[85] BROWN S. A comparison of the structure，primary productivity，and Transpiration of cypress ecosystems in Florida [J]．Ecological Monographs，1981，51：403 - 427.

［86］ DAHM C N，BAKER M A，MOORE D I，et al. Coupled biogeochemical and hydrological responses of streams and rivers to drought ［J］. Freshwater Biology，2003，48：1219-1231.

［87］ STANLEY E，FISHER S G，JONES J B. The effects of water loss on primary production：A landscape scale model ［J］. Aquatic Sciences，2004，（66）：130-138.

［88］ YNAN Z，XU J J，WANG Y Q，YAN B. Analyzing the influence of land use/land cover change on landscape pattern and ecosystem services in the Poyang Lake Region，China ［J］. Environmental Science and Pollution Research. 2021，28：27193-27206.

［89］ 宋晓巍，李琳琳，张琳. CLIGEN 天气发生器模拟沈阳地区降水的适用性评价 ［J］. 气象与环境学报. 2018，34（4）：26-35.

［90］ 高淑新，宋晓巍，李琳琳，等. CLIGEN 天气发生器在中国东北三省模拟温度的适用性评价 ［J］. 气象与环境学报，2019，35（4）：77-84.

［91］ 廖要明，张强，陈德亮. 中国天气发生器的降水模拟 ［J］. 地理学报. 2004；59（5）：689-698.

［92］ 廖要明，陈德亮，高歌，等. 中国天气发生器降水模拟参数的气候变化特征 ［J］. 地理学报. 2009，64（7）：871-878.

［93］ 廖要明，中国天气发生器 BCC/RCG-WG 的研究与应用 ［D］. 北京：北京师范大学，2012.

［94］ KEATING B A，WAFULA B M，WATIKI J M. Development of a modelling capability for maize in semi-arid eastern Kenya ［J］. Aciar Proceedings，1992.

［95］ 沈禹颖，南志标，BELLOTTI B，等. APSIM 模型的发展与应用 ［J］. 应用生态学报，2002，13（8）：1027-1032.

［96］ KEATING B A，CARBERRY P S，HAMMER G L，et al. An overview of APSIM，a model designed for farming systems simulation ［J］. European Journal of Agronomy，2003，18（3）：267-288.

［97］ O'LEARY G J. A review of three sugarcane simulation models with respect to their prediction of sucrose yield ［J］. Field Crops Research，2000，68（2）：97-111.

［98］ JONES J W，KEATING B A，PORTER C H. Approaches to modular model development ［J］. Agricultural Systems，2001，70（2）：421-443.

［99］ 赵俊芳，蒲菲埔，闫伟兄，等. 基于 APSIM 模型识别气象因子对内蒙春小麦潜在产量的影响 ［J］. 生态学杂志，2017，36（3）：757-765.

［100］ 王琳，郑有飞，于强，等. APSIM 模型对华北平原小麦-玉米连作系统的适用性 ［J］. 应用生态学报，2007，18（11）：2480-2486.

［101］ HOLZWORTH D P，HUTH N I，DEVOIL P G，et al. APSIM-volution towards a new generation of agricultural systems simulation ［J］. Environmental Modelling and Software，2014，62：327-350.

［102］ 刘志娟，杨晓光，王静，等. APSIM 玉米模型在东北地区的适应性 ［J］. 作物学报，2012，38（4）：740-746.

［103］ 戴彤，王靖，赫迪，等. 基于 APSIM 模型的气候变化对西南春玉米产量影响研究 ［J］. 资源科学，2016，38（1）：155-165.

［104］ 赵彦茜，齐永青，朱骥，等. APSIM 模型的研究进展及其在中国的应用 ［J］. 中国农学通报，2017，33（18）：1-6.

［105］ 赵俊芳，李宁，侯英雨，等. 基于 APSIM 模型评估北方八省春玉米生产对气候变化的响应 ［J］. 中国农业气象，2018，39（2）：108-118.

［106］ 马同生. 中国土种志 ［M］. 北京：中国农业出版社，1994.

［107］ 杨沈斌，陈德，王萌萌，等. ORYZA2000 模型与水稻群体茎蘖动态模型的耦合 ［J］. 中国农业气象，2016，37（4）：422-430.

［108］ 王丽红，刘路广，谭君位. 基于 ORYZA 2000 模型的鄂北地区水稻水分生产函数构建 ［J］.

2017，34（9）：74-78.

[109] 廖祺，王洁，徐俊增．基于 ORYZA_v3 模型的控制灌溉水稻适宜播期分析 [J]. 2018，34（30）：1-6

[110] HOCHREITER S, SCHMIDHUBER J. Long short-term memory [J]. Neural Computation，1997，9（8）：1735-1780.

[111] KRATZERT F, KLOTZ D, BRENNER C, et al. Rainfall-runoff modelling using long short-term memory (LSTM) networks [J]. Hydrology and Earth System Sciences，2018，22（11）：6005-6022.

[112] 袁喆，杨志勇，史晓亮，等．灰色微分动态自记忆模型在径流模拟及预测中的应用 [J].水利学报，2013，44（7）：791-799.

[113] 何永涛，李文华，李贵才，等．黄土高原地区森林植被生态需水研究 [J].环境科学，2004，25（3）：35-39.

[114] SAXTON K E, RAWLS W J, ROMBERGER J S, et al. Estimating generalized soil-water characteristics from texture [J]. Soil Science Society of America Journal，1986，50（4）：1301-1306.

[115] VICENTE-SERRANO S M, BEGUERÍA S, LÓPEZ-MORENO J I. A multiscalar drought index sensitive to global warming：The standardized precipitation evapotranspiration index [J]. Journal of Climate，2010，23（7）：1696-1718.